NCT 全国青少年
编程能力等级测试教程

Python
语言编程 二级

NCT全国青少年编程能力等级测试教程编委会 编著

清华大学出版社
北京

内 容 简 介

本书依据《青少年编程能力等级》(T/CERACU/AFCEC/SIA/CNYPA 100.2—2019)标准进行编写。本书是 NCT 全国青少年编程能力等级测试备考、命题的重要依据,对 NCT 考试中 Python 语言编程二级测试命题范围及考查内容做出了清晰的讲解与分析。

本书绪论部分对 NCT 全国青少年编程能力等级测试的考试背景、报考说明、备考建议等进行了介绍。全书共包含十个专题,其基于 Python 语言,对《青少年编程能力等级》标准中 Python 语言编程二级做出了详细解析,提出了青少年需要达到的 Python 语言编程二级标准的能力要求,例如具备以函数、模块和类等形式抽象为目标的基本编程能力,能够编写不少于 50 行的 Python 程序等。同时,对考试知识点和解题方法进行了系统性的梳理和说明,结合真题、模拟题进行了讲解,以便读者更好地理解相关知识。

本书适合参加 NCT 全国青少年编程能力等级测试的考生备考使用,也可作为 Python 语言编程初学者的参考用书。

图书在版编目(CIP)数据

NCT 全国青少年编程能力等级测试教程. Python 语言编程二级/NCT 全国青少年编程能力等级测试教程编委会编著. —北京:清华大学出版社,2020.12 (2024.10重印)
ISBN 978-7-302-56585-7

Ⅰ.①N… Ⅱ.①N… Ⅲ.①软件工具-程序设计-青少年读物 Ⅳ.①TP311.1-49

中国版本图书馆 CIP 数据核字(2020)第 187273 号

责任编辑:焦晨潇
封面设计:范裕怀
责任校对:赵琳爽
责任印制:沈 露

出版发行:清华大学出版社
  网 址:https://www.tup.com.cn,https://www.wqxuetang.com
  地 址:北京清华大学学研大厦 A 座   邮 编:100084
  社 总 机:010-83470000   邮 购:010-62786544
  投稿与读者服务:010-62776969,c-service@tup.tsinghua.edu.cn
  质量反馈:010-62772015,zhiliang@tup.tsinghua.edu.cn
印 装 者:三河市龙大印装有限公司
经 销:全国新华书店
开 本:185mm×260mm   印 张:11   字 数:212 千字
版 次:2020 年 12 月第 1 版   印 次:2024 年 10 月第 3 次印刷
定 价:58.00 元

产品编号:088841-01

本书编委

特约主审

樊　磊

编委（按姓氏拼音顺序排序）

陈奕骏　　范裕怀　　胡　月　　蒋亚杰　　李　潇　　李　泽

李兆露　　刘　丹　　刘　洪　　刘　茜　　刘天旭　　秦莺飞

邵　磊　　施楚君　　孙晓宁　　王洪江　　吴楚斌　　奚　源

夏　立

前　言

　　NCT 全国青少年编程能力等级测试是国内首个通过全国信息技术标准化技术委员会教育技术分技术委员会（暨教育部教育信息化技术标准委员会）《青少年编程能力等级》标准符合性认证的等级考试项目。它围绕 Kitten、Python 等在国内外拥有广泛用户基础的热门通用编程工具和编程语言，从逻辑思维、计算思维、创造性思维三个方面考查学生的编程能力水平，旨在以专业、完备的测评系统推动标准的落地，以考促学，以评促教。它除了注重学生的编程技术能力外，更加重视学生的应用能力和创新能力。

　　为了帮助考生顺利备考 NCT 全国青少年编程能力等级测试，由从事 NCT 全国青少年编程能力等级测试试题研究的专家、工作人员及在编程教育行业一线从事命题研究、教学、培训的教师共同精心编写了"NCT 全国青少年编程能力等级测试教程"系列丛书，该丛书共七册。本册为《NCT 全国青少年编程能力等级测试教程——Python 语言编程二级》。本书是以 NCT 全国青少年编程能力等级测试考生为主要读者对象，适用于考生在考前复习使用，也可以作为相关考试培训班的辅助教材以及中小学教师的参考用书。

　　本书绪论部分介绍了考试背景、报考说明、备考建议等内容，建议考生与辅导教师在考试之前务必熟悉此部分内容，避免出现不必要的失误。

　　全书包含十个专题，详细讲解了 NCT 全国青少年编程能力等级测试 Python 语言编程二级的考查内容。每个专题都包含考查方向、考点清单、考点探秘、巩固练习四个板块，其内容和详细作用如下表所示。

固定模块	内　　容	详　细　作　用
考查方向	能力考评方向	给出能力考查的五个维度
	知识结构导图	以思维导图的形式展现专题中所有考点和知识点
考点清单	考点评估和考查要求	对考点的重要程度、难度、考题题型及考查要求进行说明，帮助考生合理制订学习计划
	知识梳理	将重要的知识点提炼出来，进行图文讲解并举例说明，帮助考生迅速掌握考试重点
	备考锦囊	考点中易错点、重难点等的说明和提示

续表

固定模块	内　容	详 细 作 用
考点探秘	考题	列举典型例题
	核心考点	列举主要考点
	思路分析	讲解题目解题思路及解题步骤
	考题解答	对考题进行详细分析和解答
	举一反三	列举相似题型，供考生练习
巩固练习		学习完每个专题后，考生通过练习巩固知识点

书中附录部分的"真题演练"提供了一套真题，并配有答案及解析，供考生进行练习和自测，读者可扫描相应二维码下载真题及参考答案文件。

由于编写水平有限，书中难免存在疏漏之处，恳请广大读者批评、指正。

编　者

2020 年 8 月

前　言

目 录

目　录

一、考试背景

1．青少年编程能力等级标准

为深入贯彻《新一代人工智能发展规划》和《中国教育现代化 2035》中关于青少年人工智能教育的相关要求，推动青少年编程教育的普及与发展，支持并鼓励青少年树立远大志向，放飞科学梦想，投身创新实践，加强中国科技自主创新能力的后备力量培养，中国软件行业协会、全国高等学校计算机教育研究会、全国高等院校计算机基础教育研究会、中国青少年宫协会四个全国一级社团组织联合立项并发布了《青少年编程能力等级》团体标准第 1 部分和第 2 部分。其中，第 1 部分为图形化编程（一至三级），第 2 部分为 Python 编程（一至四级）。《青少年编程能力等级》作为国内首个衡量青少年编程能力的标准，是指导青少年编程培训与能力测评的重要文件。

表 0-1 为图形化编程能力等级划分。

表　0-1

等　　级	能 力 要 求	等级划分说明
图形化编程一级	基本图形化编程能力	掌握图形化编程平台的使用，应用顺序、循环、选择三种基本的程序结构，编写结构良好的简单程序，解决简单问题
图形化编程二级	初步程序设计能力	掌握更多编程知识和技能，能够根据实际问题的需求设计和编写程序，解决复杂问题，创作编程作品，具备一定的计算思维
图形化编程三级	算法设计与应用能力	综合应用所学的编程知识和技能，合理地选择数据结构和算法，设计和编写程序解决实际问题，完成复杂项目，具备良好的计算思维和设计思维

表 0-2 为 Python 编程能力等级划分。

表　0-2

等　　级	能 力 目 标	等级划分说明
Python 一级	基本编程思维	具备以编程逻辑为目标的基本编程能力
Python 二级	模块编程思维	具备以函数、模块和类等形式抽象为目标的基本编程能力
Python 三级	基本数据思维	具备以数据理解、表达和简单运算为目标的基本编程能力
Python 四级	基本算法思维	具备以常见、常用且典型算法为目标的基本编程能力

《青少年编程能力等级》中共包含图形化编程能力要求 103 项，Python 编程能力要求 48 项。《青少年编程能力等级》标准第 2 部分详情请参见附录 A。

2．NCT 全国青少年编程能力等级测试

NCT 全国青少年编程能力等级测试是国内首个通过全国信息技术标准化技术委员会教育技术分技术委员会（暨教育部教育信息化技术标准委员会）《青少年编程能力等级》标准符合性认证的等级考试项目。它是围绕 Kitten、Python 等在国内外拥有广泛用户基础的热门通用编程工具和编程语言，从逻辑思维、计算思维、创造性思维三个方面考查学生的编程能力水平，旨在以专业、完备的测评系统推动标准的落地，以考促学，以评促教。它除了注重学生的编程技术能力外，更加重视学生的应用能力和创新能力。

NCT 全国青少年编程能力等级测试分为图形化编程（一至三级）和 Python 编程（一至四级）。

二、Python语言编程二级报考说明

1．报考指南

考生可以登录 NCT 全国青少年编程能力等级测试的官方网站，了解更多信息，并进行考试流程演练。

（1）报考对象

① 面向人群：年龄为 8~18 周岁，年级为小学三年级至高中三年级的青少年群体。

② 面向机构：中小学校、中小学阶段线上及线下社会培训机构、各地电教馆、少年宫、科技馆。

（2）考试方式

① 上机考试。

② 考试工具：海龟编辑器（下载路径：NCT 全国青少年编程能力等级测试官方网站→考前准备→软件下载）。

（3）考试合格标准

满分为 100 分。60 分及以上为合格，90 分及以上为优秀，具体以组委会公布的信息为准。

（4）考试成绩查询

登录 NCT 全国青少年编程能力等级测试官方网站查询，最终成绩以组委会公布的信息为准。

（5）对考试成绩有异议可以申请查询

成绩公布后 3 日内，如果考生对考试成绩存在异议，可按照组委会的指引发送异议信息到组委会官方邮箱。

（6）考试设备要求

考试设备要求如表 0-3 所示。

表 0-3

项　　目		最 低 要 求	推　　荐
硬件	键盘、鼠标		
	前置摄像头	必须配备	
	话筒		
	内存	1GB 以上	4GB 以上
	操作系统	PC：Windows 7 或以上 苹果计算机：Mac OS X 10.9 Mavericks 或以上	PC：Windows 10 苹果计算机：Mac OS X EI Capitan 10.11 以上
软件	浏览器	谷歌浏览器 Chrome v55 或以上版本 （最新版本下载：NCT 全国青少年编程能力等级测试官方网站→考前准备→软件下载）	谷歌浏览器 Chrome v79 及以上或最新版本 （最新版本下载：NCT 全国青少年编程能力等级测试官方网站→考前准备→软件下载）
	网络	下行：1Mbps 以上 上行：1Mbps 以上	下行：10Mbps 以上 上行：10Mbps 以上

注：最低要求为保证基本功能可用，考试中可能会出现卡顿、加载缓慢等情况。

2．题型介绍

Python 语言编程二级考试时长为 90 分钟，卷面分值为 100 分。具体题目数量及分值分配如表 0-4 所示。

表 0-4

题　　型	每题分值 / 分	题目数量	总分值 / 分
单项选择题（1~5）	2	5	10
单项选择题（6~20）	4	15	60
操作题 1	8	1	8
操作题 2	10	1	10
操作题 3	12	1	12

1）单项选择题

（1）考查方式

根据题干描述，从四个选项中选择最合理的一项。

（2）例题

下列说法中错误的是（　　　）。

A．模块化设计一般有紧耦合和松耦合两个基本要求

B．函数可以作为一种代码封装，被其他程序调用

C．文件只有文本文件

D．当类的名称有多个单词时，可以使用"驼峰式命名法"命名

答案：C

2）操作题

（1）考试形式

根据题干要求编写程序（注意：输入/输出的格式）。

（2）例题

① 小明遇到一个数学难题：输入一个正整数 n，输出 $0!+1!+2!+\cdots+n!$ 的值。请帮忙编写一个 Python 程序，帮助小明解决这个难题。

程序要求如下。

输入：输入一个正整数

输出：输出 $0!+1!+2!+\cdots+n!$ 的值

提示：n! 表示正整数 n 的阶乘，指从 1 乘以 2 乘以 3 乘以 4 一直乘到 n 的值，例如 $4!=1\times2\times3\times4=24$。注意，0! 的值为 1。

示例 1：

输入

1

输出

2

示例 2：

输入

4

输出

34

参考答案：

```
def fac(n):
    if n <= 1:
        return 1
    else:
        return n*fac(n-1)
def Fsum(n):
    if n == 1:
        return 2
    elif n == 0:
        return 1
    else:
        return fac(n)+Fsum(n-1)
num = int(input())
print(Fsum(num))
```

② 分形二叉树是体现递归算法的经典案例。请使用 turtle 库和递归算法，绘制出图 0-1 所示图形。

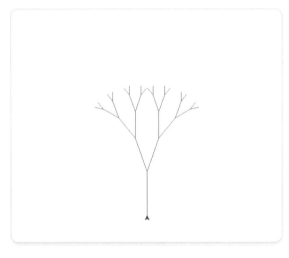

图 0-1

参考答案：

```
import turtle as t
def draw_tree(branch_length):
    if branch_length > 5:
        t.forward(branch_length)
        t.right(20)
```

```
            draw_tree(branch_length-20)
            t.left(40)
            draw_tree(branch_length-20)
            t.right(20)
            t.backward(branch_length)
    t.left(90)
    t.up()
    t.backward(200)
    t.down()
    t.color('green')
    draw_tree(100)
    t.done()
```

三、备考建议

NCT 全国青少年编程能力等级测试 Python 语言编程二级考查内容依据《青少年编程能力等级》标准第 2 部分 Python 语言编程二级制定。本书的专题与标准中的能力要求对应，表 0-5 给出了对应关系及建议学习时长。

表　0-5

编号	名　称	能力要求	对应专题	建议学习时长/小时
1	模块化编程	理解程序的抽象、结构及自顶向下设计方法，具备利用模块化编程思想分析实际问题的能力	专题 1　模块化编程	2
2	函数	掌握并熟练编写带有自定义函数和函数递归调用的程序，具备解决简单代码复用问题的能力	专题 2　函数	5
3	递归及算法	掌握并熟练编写带有递归的程序，了解算法的概念，具备解决简单迭代计算问题的能力	专题 3　递归及算法	5
4	文件	掌握并熟练编写处理文件的程序，具备解决数据文件读写问题的能力	专题 4　文件	4
5	（基本）模块	理解并建构模块，具备解决程序模块之间调用问题及拓展规模的能力	专题 5　模块	3

续表

编号	名　称	能　力　要　求	对应专题	建议学习时长/小时
6	（基本）类	理解面向对象的简单概念，具备阅读面向对象代码的能力	专题7　类	4
7	（基本）包	理解并构建包，具备解决多文件程序组织及扩展规模问题的能力	专题6　包	2
8	命名空间及作用域	熟练并准确理解语法元素作用域及程序功能边界，具备界定变量作用范围的能力	专题8　命名空间及作用域	3
9	Python第三方库的获取	基本掌握 Python 第三方库的查找和安装方法，具备搜索扩展编程功能的能力	专题9　Python第三方库的获取及使用	3
10	Python第三方库的使用	基本掌握 Python 第三方库的使用方法，理解第三方库的多样性，具备扩展程序功能的基本能力	专题9　Python第三方库的获取及使用	3
11	标准函数B	掌握并熟练使用常用的标准函数，具备查询并使用其他标准函数的能力	专题2　函数	2
12	基本的Python标准库	掌握并熟练使用 3 个 Python 标准库，具备利用标准库解决问题的简单能力	专题10　基本的Python标准库	4

专题1

模块化编程

很多复杂的问题往往不能立刻得出答案，解决复杂问题时，需要进行拆解，把一个大问题分成若干个目标明确的小问题，然后逐个解决，从而更快地解决这些复杂问题。模块化编程同样如此，通过各个小模块的联系与协作，帮助程序快速处理复杂的编程问题，使其可以更加高效地运行。

考查方向

☆ 能力考评方向

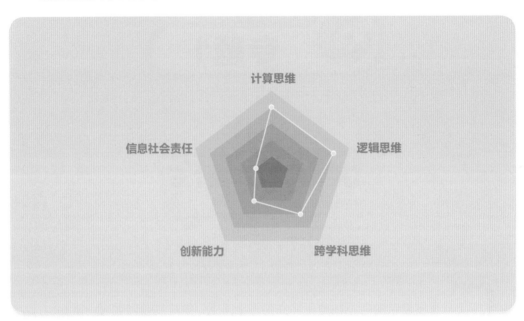

☆ 知识结构导图

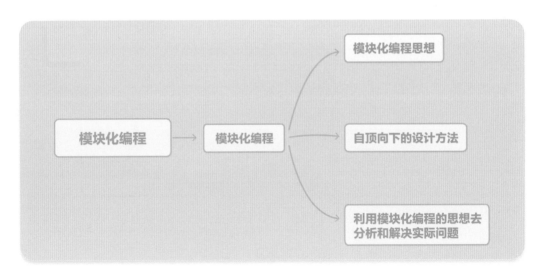

专题
1

考点　模块化编程

考点评估		考查要求
重要程度	★★★☆☆	1. 理解模块化编程思想；
难度	★★☆☆☆	2. 理解自顶向下设计的方法；
考查题型	选择题、操作题	3. 能够利用模块化编程思想去分析和解决实际问题

（一）模块化编程思想

　　了解模块化编程之前，先梳理一下"模块"的定义。模块就是某个事物的一部分。如果某个事物可以被容易地分解成多个部分，我们就说这个事物是可模块化的。

　　模块化编程是一种程序设计的思路和方法。例如，将大象装进冰箱一共分几步的问题，解决这个问题可以分为三步：第一步打开冰箱门，第二步放入大象，第三步关上冰箱门。如果把这三个步骤当作模块，主程序就是要把这几个单独的模块联系到一起，相互配合以完成完整程序，如图 1-1 所示。

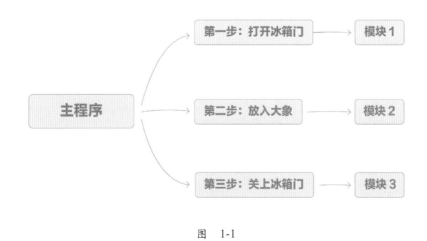

图　1-1

　　为什么要把程序分成一个个的模块呢？所有代码都写在一个大程序中不可以吗？模块化编程有以下优势。

　　（1）模块化编程让程序结构变得更清晰，降低了程序编写的复杂度。

（2）提高代码复用率，独立的模块也可以在其他程序中被使用，下次使用无须编写重复代码，就像用同一堆积木可以搭建出不同的效果一样。

（3）易于扩展程序和维护程序，更方便我们阅读、修改和优化代码。

前面将大象装进冰箱的例子，也可以改为将小兔子或小狗放入冰箱，模块可以被其他程序快速复用，以提高编程效率。

（二）自顶向下的设计方法

所谓自顶向下的设计，就是设计者从整体规划整个系统的功能和性能，然后对系统进行划分，分解为规模较小、功能较为简单的局部模块，并确立这些模块之间的相互关系。

如图 1-2 所示，学校要宣布一项通知，为确保把通知传达给每位学生，可以逐层向下监督进行：①校领导下发通知给班主任；②各班主任下发通知给各班干部；③最终由各班干部通知每位学生。

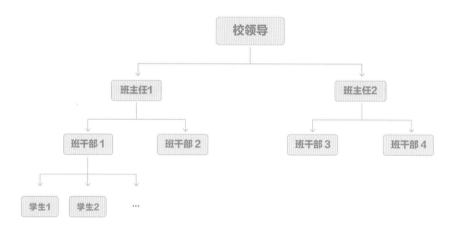

图　1-2

（三）利用模块化编程思想去分析和解决实际问题

1．实际问题的解决

利用模块化编程的思想和方法，可以帮助我们更好地解决生活中的问题。例如，小明要给学校足球赛参赛的 10 支队伍安排比赛顺序和场次，要求球队随机组合且不能重复。

我们可以将小明遇到的问题分解为四个小任务（见图 1-3）：

① 给每支队伍编号；

② 随机抽取两个编号；

③ 安排组队，确认顺序；

④ 剩下的队伍继续抽取编号。

如果使用程序来解决这个问题，其中划分出来的②③④任务中又有很多细节需要注意。

任务②随机抽取：队伍的编号需要用列表存储；需要用到 random 库，使用random.choice( )函数随机抽取列表项；抽取的结果要保存下来。

任务③队伍组合：先抽取编号的队伍先进行比赛，按顺序把组队结果输出。

任务④继续抽取：抽取出来的队伍将不能包含在下次抽取随机数的列表中，需要用到列表的操作——删除列表项；设置抽取结束的条件——原始的队伍编号列表中没有元素。

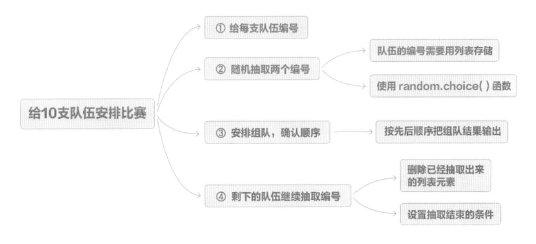

图 1-3

拆分出所有的模块后，接下来开始编写程序。在编写过程中还需要确认更多细节，如设置多少个变量等，完整的程序可参考示例代码。

示例代码 1-1

```
import random

team_list = ['a', 'b', 'c', 'd', 'e', 'f', 'g', 'h', 'i', 'j']
s_list = []
i = 0
# 随机抽取，按顺序保存到新列表
while (len(team_list) > 0):
    a = random.choice(team_list)  # 从 team_list 中随机抽取一项
    del team_list[team_list.index(a)]
```

```
        s_list.append(a)

print('出场顺序为：')
#print(s_list)
for i in range(0, 10, 2):
    print(s_list[i],s_list[i+1])
```

运行程序后，输出结果如图 1-4 所示。

注意：由于排序是随机的，所以输出结果不唯一，该图仅供参考。

```
控制台
出场顺序为：
i h
f b
c a
e j
d g
程序运行结束
```

图　1-4

2．模块化编程设计原则

模块化编程设计要遵循一定的原则：模块之内高内聚、模块之间低耦合。

高内聚是指在划分模块时把联系紧密的功能放入一个程序文件，每一个模块只需完成单独的功能。低耦合是指模块之间要相互独立，除主程序外，减少模块间的相互协助和影响，如图 1-5 所示。一般内聚程度越高，耦合程度就越低。

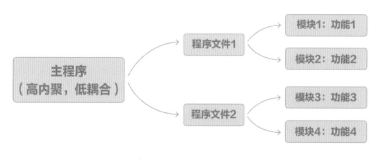

图　1-5

如果程序较为复杂，还需要有优化完善程序的过程，检查程序的耦合程度也是重要的一项。比如将示例代码 1-1 继续进行优化修改，将功能划分时的第①步随机抽取和第④步继续抽取功能放在一起，定义为函数 choice_lis()，第③步队伍组合的功能定义为函数 p_lis()，优化后的程序如示例代码 1-2 所示。

示例代码 1-2

```python
import random

# 随机抽取，参数为列表，抽取次数由列表长度决定
def choice_lis(l):
    while (len(l) > 0):
        a = random.choice(team_list)    # 变量 a 为局部变量
        del team_list[team_list.index(a)]
        s_list.append(a)


def p_lis(l):
    print('出厂顺序为：')
    for i in range(0, len(l), 2):
        print(l[i],l[i+1])
# 主程序
# 定义原始列表和空列表
team_list = ['a', 'b', 'c', 'd', 'e', 'f', 'g', 'h', 'i', 'j']
s_list = []
choice_lis(team_list)
p_lis(s_list)
```

定义函数中的参数一般和耦合程度紧密相关。示例代码 1-2 中的参数 team_list、s_list 把函数 choice_lis()、函数 p_lis() 和主程序联系起来，函数 choice_lis() 和函数 p_lis() 的功能基本不会相互影响，该程序耦合度低。

运行程序后，输出结果如图 1-6 所示。

注意：由于排序是随机的，所以输出结果不唯一，该图仅供参考。

图　1-6

考点探秘

▶ 考题 1

（多选）下列说法中错误的是（　　）。

A．模块化设计一般有紧耦合和松耦合两个基本原则

B．函数可以作为一种代码封装被其他程序调用

C．文件只有文本文件

D．当类的名称有多个单词时，可以使用"驼峰式命名法"命名

※ 核心考点

考点：模块化编程

※ 思路分析

本题考查对模块化编程、函数、文件、类等基础概念的理解。

※ 考题解答

模块化设计有高内聚和低耦合两个基本原则，所以选项 A 错误；文件不只有文本文件，还包括图片、音频、视频等，所以选项 C 错误；选项 B、D 正确。故选 A、C。

▶ 考题 2

在 Python 中，存在函数 bin() 可以将十进制数转换成以 0b 开头的二进制数。例如，使用函数 bin() 可以将十进制数 2 转换成二进制数是 0b10，将十进制数 3 转换成二进制数是 0b11。

函数 bin() 使用示例如下：

```
a = 3   #3是十进制数
print(bin(a))
b = 2   #2是十进制数
print(bin(b))
```

运行程序后，输出结果如图 1-7 所示。

```
控制台
0b11
0b10
程序运行结束
```

图 1-7

请根据以上提示，按要求设计一个程序：

（1）分两次输入，每次输入一个十进制整数，假设输入的两个整数为 x，y；

（2）程序随机生成一个介于 x，y 之间（包含 x，y）的十进制整数；

（3）程序输出这个十进制整数及对应的二进制数。

示例如下。

输入格式：

分两次输入，每次输入一个十进制整数。

输出格式：

输出两个数，第一个为十进制数，第二个为它的二进制数，中间用一个空格隔开。

输入样例 1：

3
6

输出样例 1：

4 0b100

输入样例 2：

3
1

输出样例 2：

2 0b10

※ 核心考点

考点：模块化编程

※ 思路分析

本题程序采用"自顶向下，分而治之"的思路进行编写。按照题目给出的要求，逐步编写代码。第一步：使用函数 input()，分两次输入；使用函数 int()，得到十进制的整数；定义变量 x 和 y 存储整数。第二步：使用 random 库的函数 randint()，随机生成整数，用户输入得到的两个整数正好作为函数参数，用来规定随机取整的范围。注意，函数 randint() 的范围只能是从小到大，因此要判断输入的整数大小，重新赋值，使函数 randint() 的参数小的在前，大的在后。第三步：使用函数 bin() 将十进制整数转换为二进制数。第四步：使用函数 print() 将计算结果输出。

※ 考题解答

根据思路分析，需要进行两次输入，用到数据类型转换、条件判断，计算完毕后输出，分步骤完成程序。

参考答案 1：

```
import random
x = int(input("请输入一个整数："))
y = int(input("再输入一个整数："))
if x <= y:
    x, y = x, y
else:
    x, y = y, x
a = random.randint(x, y)
print(a,bin(a))
```

参考答案 2：

```
import random
x = int(input("请输入一个整数："))
y = int(input("再输入一个整数："))
if x > y:
    x, y = y, x
a = random.randint(x, y)
print(a,bin(a))
```

巩固练习

1. 下列关于模块化编程的说法，正确的是（　　）。

    A．模块化编程是指将程序随意分为几个程序文件

    B．自顶向下是一种程序设计方法，用自顶向下方法设计出的程序必须只使用一个程序文件

    C．模块化编程让程序结构变得清晰，有利于编写复杂的程序，便于优化程序

    D．自顶向下的程序设计方法不利于优化程序

2. 图 1-8 是一个布满星星的背景墙，十颗星星随机排布。要绘制这个画面，你会把这个问题分为几步？

图　1-8

请按照提示分步解决问题，连续画 10 个随机位置的星星，颜色可自定义。

（1）绘制一颗星星；

（2）随机生成绘制星星的起始位置；

（3）修改坐标绘制其他星星。

已知图形绘制步骤和部分模块，请编写主程序，绘制出完整画面。

```
def ballon(c):
    # 参数 c 表示颜色字符串
    t.pencolor(c)
    for i in range(5):
        t.forward(50)
        t.left(144)
    t.done()

# 安排布局
def change_location():
    x = random.randint(-300,300)
    y = random.randint(-200,200)
    return [x,y]   # 返回坐标列表
```

专题2

函　　数

　　编程语言中有函数 print()、函数 float()、函数 turtle.done() 等，你已经掌握了许多函数的用法，那么"函数"到底是什么呢？你可以创造自己的函数吗？

　　这就如同当生活中需要多次签名时，一枚个人签名印章能成为你的得力助手。同样，当程序员需要多次使用基础函数实现同样的功能时，自定义函数就是他们脱离苦海的良方。

考查方向

⭐ 能力考评方向

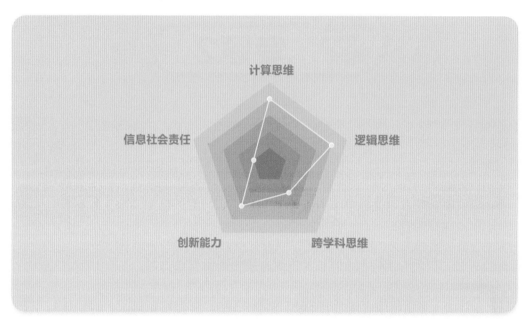

⭐ 知识结构导图

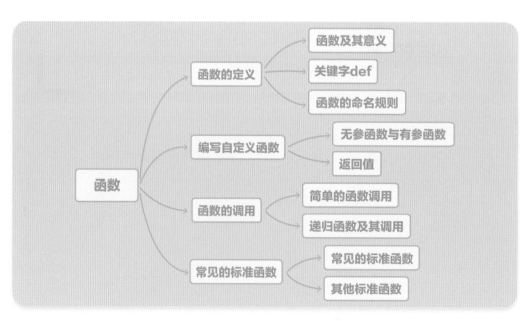

专题2

考点清单

考点 1　函数的定义

考点评估		考查要求
重要程度	★★★☆☆	1. 理解函数的定义及意义；
难度	★★☆☆☆	2. 掌握使用关键字 def 定义函数；
考查题型	选择题	3. 掌握函数命名的方法

（一）函数及其意义

函数是一段能够实现特定功能的、可重复使用的语句组，通常用函数名表示并通过函数名进行调用。Python 中的函数与数学中的函数相似，能够接收变量并输出结果。使用函数时，不需要了解其内部原理，只要了解函数输入和输出的方式即可。

如示例代码 2-1 所示，函数 int() 将传递给它的变量 a 转换为整型数，输出整型数 3。

示例代码 2-1

```
a = 3.0
b = int(a)
print(b)
```

运行程序后，输出结果如图 2-1 所示。

```
控制台

3
程序运行结束
```

图　2-1

在 Python 语言中存在一些已经构建好的函数，它们被称为标准函数，例如 函数 print()、函数 input()、函数 str() 等。除了使用标准函数，还可以自定义函数。如示例代码 2-2 所示，自定义函数 say_hi() 可以在控制台打印欢迎语。

示例代码 2-2

```
# 定义函数
def say_hi():
    name = input(' 你叫什么名字？')
    print(name, ' 欢迎来到源码世界！')
# 调用函数
say_hi()
```

运行程序后，输出结果如图 2-2 所示。

控制台

你叫什么名字？小A
小A 欢迎来到源码世界！
程序运行结束

图 2-2

代码被封装进函数后，仅通过函数名便能够重复使用，这不仅使程序变得简洁，还让编程变得更加便捷、容易。

（二）关键字 def

关键字 def 可以定义函数。如图 2-3 所示，定义函数需要遵守以下规则。

（1）以 def 关键词开头，后接函数名及半角的圆括号和冒号。

（2）函数主体从下一行开始，并且必须缩进。

def <函数名>():
    <函数体>

图 2-3

如示例代码 2-3 所示，定义一个函数，名为 forward_100，它可以画出一条长为 100 的线段。

示例代码 2-3

```
import turtle as t
# 自定义函数
def forward_100():
    t.pensize(5)
    t.forward(100)
# 调用函数
forward_100()
t.done()
```

运行程序后，输出结果如图 2-4 所示。

图 2-4

（三）函数的命名规则

原则上，函数的命名规则与标识符命名规则相同，只要符合标识符命名规则的函数名就是"合法"的。为了方便阅读，函数名应当遵守以下约定俗成的规定。

（1）函数名应具备描述性，也就是说函数名可以表现函数的功能。

（2）函数名最好为小写，可以用下画线增强阅读性，如 function_name。

（3）自定义函数名避免使用 Python 关键字和标准函数名，如 int、import 等。

考点 2 编写自定义函数

考点评估		考查要求
重要程度	★★★★☆	1. 能够定义无参函数；
难度	★★★★☆	2. 能够定义有参函数；
考查题型	选择题、操作题	3. 理解函数的返回值

（一）无参函数与有参函数

函数可以有参数，也可以没有参数。例如，示例代码 2-3 定义的 forward_100() 即为一个无参函数；函数 print() 则为有参函数。

定义有参函数的方法与定义无参函数的方法相同。在定义函数时，圆括号中的参数被称为形参；而在调用函数时，传递给函数的数据被称为实参。定义了形参的函数在调用时，必须传递相应的实参，否则就会发生错误。

当接收多个形参时，不同参数之间用逗号隔开。示例代码 2-4 定义了一个有参函数 addition()，它接收两个参数，并返回这两个参数的和。

示例代码 2-4

```python
# 定义函数
def addition(a, b):
    num = a + b
    return num


x = addition(100, 101)
print(x)
```

运行程序后，输出结果如图 2-5 所示。

```
控制台

201
程序运行结束
```

图　2-5

（二）返回值

返回值是指执行函数后返回的数据，通过赋值给变量的方式可以使用返回值。自定义函数时，可以设置返回值，也可以不设置返回值。关键词 return 后的数据即为函数返回值，如图 2-6 所示。

```
def <函数名>():
    <函数体>
    return <返回值>
```

图　2-6

函数的返回值只有 1 个，如果需要返回多个数据，可以将数据保存在列表中。

示例代码 2-5 定义了一个函数 even_list()，它接收一个整型数参数 n，返回由 0 ~ n 内所有的偶数（包括 0）组成的列表。

示例代码 2-5

```python
# 定义函数
def even_list(n):
    li = [ ]
    for i in range(0,n,2):
        li.append(i)
    return li


test_list = even_list(10)
print(test_list)
```

运行程序后，输出结果如图 2-7 所示。

```
控制台
[0, 2, 4, 6, 8]
程序运行结束
```

图　2-7

● 备考锦囊

　　函数如果没有设置返回值，Python 默认它的返回值为 None（一种特殊数据类型的唯一值）。如果设置多个返回值，默认以元组（一种用小括号包围多个数据的数据类型）的方式返回数据，如示例代码 2-6 所示。

示例代码 2-6

```
def several_nums(n):
    x = n * 2
    y = n * 3
    return n,x,y


result = several_nums(2)
print(result)
```

运行程序后，输出结果如图 2-8 所示。

```
控制台
(2, 4, 6)
程序运行结束
```

图　2-8

考点3 函数的调用

考点评估		考查要求
重要程度	★★★★☆	1. 掌握简单的函数调用（or 代码复用）；
难度	★★★★☆	2. 掌握简单的递归函数
考查题型	选择题、操作题	

（一）简单的函数调用

调用函数的方式很简单，使用函数名即可成功调用。不论是可以直接使用的标准函数，还是自定义函数，在调用之前，都不会被执行。因此，存在自定义函数的程序，执行过程并非"顺序"执行。

以示例代码 2-7 为例，程序运行时，在执行完第 1 行代码后，并未执行定义函数的部分（第 3 ~ 7 行代码），而是跳转至第 9 行代码继续执行命令，第 11 行调用函数后，程序才回到第 3 行代码，执行函数内部的指令。

示例代码 2-7

```
print('欢迎来到源码世界！')

def judge_name(name):
    if len(name) > 3:
        print('你的名字太长了我记不住！')
    else:
        print(name,'你好')

user = input("你叫什么名字？")
print('-'*10)
judge_name(user)
```

如果输入"张小鸭"，运行程序后输出结果如图 2-9 所示。

```
控制台

欢迎来到源码世界！
你叫什么名字？张小鸭
----------
张小鸭 你好
程序运行结束
```

图　2-9

专题 2

（二）递归函数及其调用

在函数内部，可以调用其他函数。如果一个函数在内部调用它本身，这个函数就是递归函数。计算阶乘的函数可以算是最经典的递归函数。在数学上，n 的阶乘即为 $1×2×3×\cdots×(n-1)×n$，记为 n!，可以表示为图 2-10。

$$n! = \begin{cases} 1 & n \leq 1 \\ n \times (n-1)! & n > 1 \end{cases}$$

图　2-10

示例代码 2-8 所示的自定义函数 factorial() 可以计算 n 的阶乘。

示例代码 2-8

```
def factorial(n):
    if n <= 1:
        return 1
    else:
        return factorial(n-1) * n  # 调用自身


print(factorial(4))
```

运行程序后，输出结果如图 2-11 所示。

```
控制台
24
程序运行结束
```

图　2-11

如图 2-12 所示（图中 factorial 简写为 f），执行第 7 行代码时，调用 factorial(4)，结果将返回 4 × factorial(3)；由于 factorial(3) 未知，计算机将继续开辟内存运算 factorial(3)；调用 factorial(3) 时，结果将返回 3×factorial(2)……如此递进下去，直到 factorial(1)，返回结果 1。

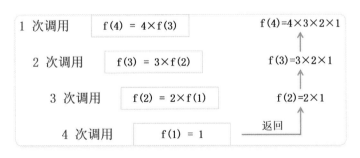

图　2-12

考点4 常见的标准函数

考点评估		考查要求
重要程度	★★★★☆	
难度	★★★☆☆	掌握标准函数 B 的使用
考查题型	选择题、操作题	

（一）常见的标准函数

1．abs(x)

abs() 是 Python 内建的标准函数，能够返回数字的绝对值。它接收一个整型数或者浮点数类型的参数，如示例代码 2-9 所示。

示例代码 2-9

```
a = abs(-5)
b = abs(-9.7)
print(a)
print(b)
```

运行程序后，输出结果如图 2-13 所示。

控制台
5
9.7
程序运行结束

图 2-13

2．type(x)

当接收一个参数时，函数 type() 可以返回参数的数据类型，如示例代码 2-10 所示。

示例代码 2-10

```
a = 100
b = 'Python'
```

```
c = [1,2,3,4]
print(type(a))
print(type(b))
print(type(c))
```

运行程序后，输出结果如图 2-14 所示。

```
控制台

<class 'int'>
<class 'str'>
<class 'list'>
程序运行结束
```

图　2-14

常见的数据类型如表 2-1 所示。

表　2-1

返　回　值	数　据　类　型
class'int'	整型
class'str'	字符串
class'list'	列表
class'float'	浮点值
class'bool'	布尔值
class'dict'	字典
class'tuple'	元组

3．ord(x) 和 chr(x)

计算机中所有的数据在本质上皆为由"0"与"1"组成的二进制数，即输入程序的数据会转变成二进制数字再进行运算。将字符转变成数字进行表示的过程，就是编码；解码，则是编码的逆过程，如图 2-15 所示。

图　2-15

Unicode 是一种国际上通用的编码方案。函数 ord() 以一个字符串作为参数，返回该字符串对应的 Unicode 值；而函数 chr() 则将 Unicode 值转变为对应字符。

示例代码 2-11

```
a = '国'
b = ord(a)
c = chr(b)
print(a, '的 Unicode 值为：',b)
print(b, '对应的字符为：',c)
```

运行程序后，输出结果如图 2-16 所示。

```
控制台
国 的Unicode值为： 22269
22269 对应的字符为： 国
程序运行结束
```

图　2-16

● **备考锦囊**

　　函数 ord() 只接收一个字符，也就是长度为 1 的字符串，例如，一个汉字、一个字母或者一个符号。

4．open(x)

Python 处理文件时需要使用函数 open ()，此函数的功能是打开一个文件。函数 open() 接收两个参数，第一个参数代表文件名，第二个参数代表打开模式（更多说明参见专题 4 中考点 1 文件的打开和关闭），如示例代码 2-12 所示。

示例代码 2-12

```
# 以只读模式打开文本文件
f = open('test.txt', 'r')
# 逐行打印文件内容
for i in f:
    print(i)
```

运行程序后，输出结果如图 2-17 所示（注意：在运行前需先保存程序，并在程序文件所在同一文件夹创建"test.txt"）。

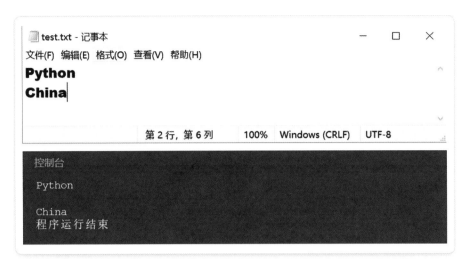

图　2-17

（二）其他标准函数

1．sorted(x)

函数 sorted() 接收一个参数时，会将参数中的元素按照从小到大的顺序进行排序，并以列表的形式返回数据。传递参数 reverse，可设置是否倒序排列：当 reverse 值为 True 时，返回从大到小排列的列表；当 reverse 值为 False 时，返回从小到大排列的列表。默认 reverse 值为 False。如示例代码 2-13 所示。

示例代码 2-13

```
a = "853492"
b = [9, 3, 5, 8, 2]
print(sorted(a))
print(sorted(b))
print(sorted(b, reverse = True))
```

运行程序后，输出结果如图 2-18 所示。

控制台
```
['2', '3', '4', '5', '8', '9']
[2, 3, 5, 8, 9]
[9, 8, 5, 3, 2]
程序运行结束
```

图　2-18

2．tuple(x)

函数 tuple() 可以将其他数据类型转变为元组，如示例代码 2-14 所示。

示例代码 2-14

```
a = "Python"
b = [1, 2, 3, 4]
print(tuple(a))
print(tuple(b))
```

运行程序后，输出结果如图 2-19 所示。

```
控制台
('P', 'y', 't', 'h', 'o', 'n')
(1, 2, 3, 4)
程序运行结束
```

图　2-19

3．set(x)

函数 set() 将传递给它的参数转变为集合类型的数据。集合是一种无序、没有重复元素的元素集。如示例代码 2-15 所示。

示例代码 2-15

```
a = set('apple')
b = set([1, 1, 2, 2, 3])
print(a)
print(b)
```

运行程序后，输出结果如图 2-20 所示。

```
控制台
{'p', 'l', 'e', 'a'}
{1, 2, 3}
程序运行结束
```

图　2-20

Python 中共有 69 个标准函数。关于其他标准函数的作用和用法，可查阅 Python 官方标准文档，网址为 https://docs.python.org/zh-cn/3/library/functions.html。

考点探秘

▶ 考题 1

（真题·2020.04）下列选项中，能够正确定义函数的是（　　）。

A.

```
def def(x):
    x = 2
```

B.

```
def hi(x):
    x = 2
```

C.

```
def hi(x):
x = 2
```

D.

```
def hi(x)
    x = 2
```

※ 核心考点

考点 1：函数的定义

※ 思路分析

本题主要考查函数定义的方法及格式。

※ 考题解答

定义函数需要遵守以下规则：①以 def 关键词开头，后接函数名、半角的圆括号和冒号；②函数主体从下一行开始，并且必须缩进四个空格；③如果函数有返回值，使用关键词 return 返回数据。选项 A，使用关键字 def 作为函数名，错误；选项 C，函数主体前缺少缩进，错误；选项 D，缺少冒号，错误。故选 B。

※ 举一反三

1. 下列选项中，能够正确定义函数的是（　　）。

A.

```
class py_ test(x):
    y=X**2
    return y
```

B.

```
def py_ test(x):
y=x**2
return y
```

C.

```
def py_ test(x)
    y=x**2
    return y
```

D.

```
def py_ test(x):
    y=x**2
    return y
```

▶ 考题 2

（真题·2020.04）执行下列程序，输出的结果是（　　　）。

```
a = -34
b = -2
print(abs(a) < b)
```

A．−34 < −2　　　B．34 < 2　　　C．True　　　D．False

※ **核心考点**

考点 4：常见的标准函数

※ **思路分析**

本题主要考查函数 abs() 的用法。

※ **考题解答**

abs() 能够返回数字的绝对值，它接收一个整型数或者浮点数类型的参数。

abs(a) 返回整型数 34 大于 b 的值。因此 abs(a)<b 的运算结果为 False，故选 D。

※ 举一反三

2．执行下列程序，输出的结果是（　　　）。

```
n = 0
for i in range(-10,0,2):
    n += abs(i)
print(n)
```

   A．−30 　　　　B．30 　　　　C．−70 　　　　D．70

考题 3

（真题·2020.04）执行下列程序，输出的结果是（　　　）。

```
a = 0
def fc(x, y):
    a = x + y
    return a
c = fc(['a', 'b', 'c'], [1, 2, 3])
print(c)
```

   A．None 　　　　　　　　B．['a'1, 'bb', 'ccc']
   C．['a', 'b', 'c', 1, 2, 3] 　　D．['a', 1, 'b', 2, 'c', 3]

※ 核心考点

考点 2：编写自定义函数

※ 思路分析

本题主要考查自定义函数的方法和函数返回值。

※ 考题解答

自定义函数 fc() 返回参数的加法或者合并运算结果。向函数 fc() 传递两个列表，并返回合并后的列表，故选 C。

※ 举一反三

3．执行下列程序，输出的结果是（　　　）。

```
m = 10
n = 5
def copy(m, n):
    return m * n
result = copy([1, 2, 3],2)
print(result)
```

  A．[1, 2, 3]   B．[2, 4, 6]   C．[1, 2, 3, 1, 2, 3]   D．50

巩固练习

1．执行下列程序，输出的结果是（ ）。

```
def summation(m, n):
    x = m ** 2
    y = x / 2
    return x, y
result = summation(8, 2)
print(result)
```

  A．(64, 32)   B．(64, 32.0)   C．8 8   D．程序报错

2．执行下列程序，输出的结果是（ ）。

```
a = 3.0 > 5.0
b = type('1') == type(1)
print(a and b)
```

  A．True   B．False   C．None   D．程序报错

3．按照下列要求绘制图 2-21 所示的图形。

具体要求：

（1）定义一个函数，函数名自拟，接收一个参数，正三角形的边长为传递给函数的参数大小；

（2）定义函数后，调用该函数绘制一个红色的且边长为 100 的正三角形。

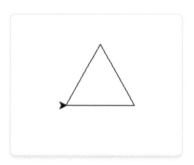

图　2-21

递归及算法

当今，许多复杂问题的解决需要依靠高效的算法。例如，在海量数据中快速检索信息；地图 APP 给用户推荐最佳的出行路线；对人类基因信息进行数据分析等，都是凭借算法的应用才得以实现。

递归是程序设计中一种广泛应用的算法。本专题，将了解"神秘"的算法究竟是什么，掌握常用、经典的递归算法。

考查方向

⭐ 能力考评方向

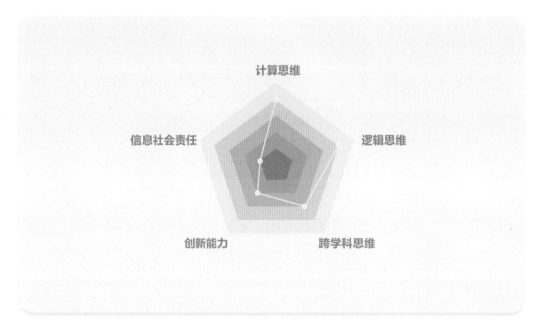

⭐ 知识结构导图

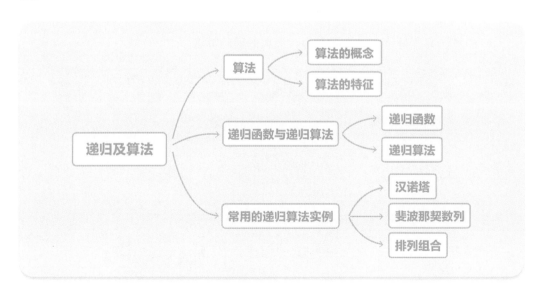

考点 1　算法

考点评估		考查要求
重要程度	★★★★☆	
难度	★★☆☆☆	理解算法的概念和特征
考查题型	选择题、操作题	

（一）算法的概念

算法是计算或者解决特定问题的步骤。计算机依照算法解决特定的问题，按有序指令将输入转化为输出。这里所说的特定问题多种多样，如"将随意排列的数字按从小到大的顺序排列""从海量数据中查找符合要求的数据"等。

（二）算法的特征

一个合格的算法具有以下五大特征。

（1）有限性。算法必须在有限步骤内解决问题。

（2）明确性。算法中对每一步的描述必须是严谨、无歧义的。

（3）输入。一个算法有 0 个或者多个输入，0 个输入通常是指算法本身给出了初始条件。

（4）输出。算法应具备一个或多个输出。

（5）有效性。也称可行性，任何算法中的计算步骤都可以被分解为基本的可执行的操作步骤，也就是这些操作都可以通过已经实现的基本运算来实现。

考点 2　递归函数与递归算法

考点评估		考查要求
重要程度	★★★☆☆	
难度	★★★☆☆	准确理解递归函数与递归算法
考查题型	选择题	

（一）递归函数

如果一个函数在内部调用它本身，这个函数就是递归函数。递归函数通常会利用分支结构，其包含两部分：递归条件和基线条件。递归条件是指什么情况下函数会调用本身，而基线条件是指出了递归的终止条件，不再进行递归。

以阶乘函数为例，如示例代码 3-1 所示，基线条件为 $n \leqslant 1$，此时函数不再递归；递归条件则为 $n > 1$。

示例代码 3-1

```python
def factorial(n):
    if n <= 1:  # 基线条件
        return 1
    else:  # 递归条件
        return factorial(n-1) * n  # 调用自身
```

递归函数定义简单、逻辑清晰，常用于解决多种数学问题。

（二）递归算法

递归算法是一种通过将大问题分解为小规模的同类子问题进而解决问题的方法。它的核心思想是分治策略。分治，即"分而治之"（divide and conquer），把一个复杂问题分成两个或更多相同的或者相似的子问题，直到最后子问题可以简单地被直接求解，原问题的解也就是子问题解的合并，如图 3-1 所示。

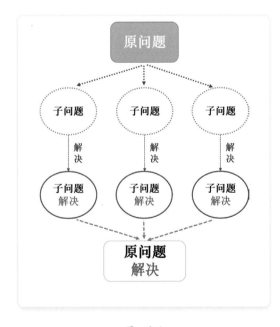

图　3-1

　　例如，求解 n 的阶乘 f(n)，可以将它分解为求解 n × f(n−1)。f(n−1) 再分解为 (n−1) × f(n−2)……以此类推。根据函数定义，1 的阶乘即为 1，最小的子问题被解决，原问题 f(n) 即为这些子问题的合并，如图 3-2 所示。

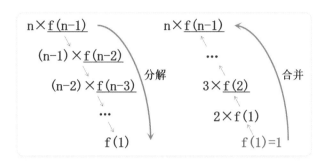

图　3-2

考点 3　常用的递归算法实例

	考点评估		考查要求
重要程度	★★★★★		1. 掌握几种常用的递归算法实例，如汉诺塔、斐波那契数列、排列组合的应用；
难度	★★★★★		
考查题型	选择题、操作题		2. 利用递归解决实际问题

（一）汉诺塔

　　汉诺塔是根据印度传说形成的数学问题。如图 3-3 所示，有 A，B，C 三根柱子，A 柱子上有 n 个圆盘，圆盘从下往上依次变小。要求按照下列规则将所有圆盘移动到 C 柱子上，最终圆盘在 C 柱子上也按照从上而下依次变小的规律排列。问：至少移动多少次才能移完所有圆盘？

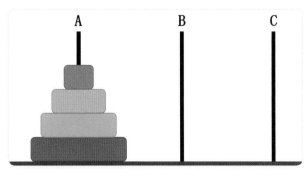

图　3-3

移动规则：

（1）每次只能移动一个圆盘；

（2）移动时，大圆盘不能叠在小圆盘上；

（3）移动过程中，可将圆盘临时置于 B 柱子上，也可将从 A 柱子上移出的圆盘重新移回 A 柱子。

看起来很复杂的问题，利用递归算法可以很便捷地解决这个问题。假设 A，B，C 三根柱子分别代表起始位置、过渡位置和目标位置，移动 n 层汉诺塔，可以将移动过程分为三步，如图 3-4 所示。

（1）将除最底层外的 n−1 层圆盘从 A 柱子移动到 B 柱子。

（2）将最底层的圆盘从 A 柱子移动到 C 柱子。

（3）将 n−1 层的圆盘从 B 柱子移动到 C 柱子。

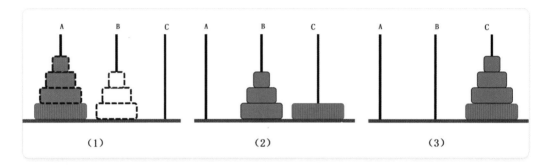

图　3-4

如果 n=2，经过三步就可以解决此问题；如果 n＞2，如何移动 n−1 层圆盘将成为子问题。令 m=n−1，移动 m 层圆盘又可递归地使用上述三步，直到 m=1。

自定义函数 hanoi()，它有四个参数：n，a，b，c，分别代表汉诺塔层数、起始位置、过渡位置和目标位置，如示例代码 3-2 所示。

示例代码 3-2

```python
def hanoi(n, a, b, c):
    if n == 1:
        print(a, '-->', c)
    else:
        hanoi(n-1, a, c, b)    # 将除最底层外的 n-1 层从 a 移动到 b
        print(a, '-->', c)     # 将最底层从 a 移动到 c
        hanoi(n-1, b, a, c)    # 将 n-1 层从 b 移动到 c


hanoi(3, "A", "B", "C")
```

假设这个汉诺塔的层数为 3 层，运行程序后，输出结果如图 3-5 所示。

```
控制台

A --> C
A --> B
C --> B
A --> C
B --> A
B --> C
A --> C
程序运行结束
```

图　3-5

（二）斐波那契数列

斐波那契数列又称为"黄金分割数列"，数列从 0 和 1 开始，从第三项起，每一项都等于前两项之和。数列的前 n 项包括：0，1，1，2，3，5，8，13，21，…在数学上，斐波那契数列以递归的方法来定义，如下所示：

$F_0 = 0$

$F_1 = 1$

$F_n = F_{n-1}+F_{n-2}$（$n \geqslant 2$）

根据斐波那契数列的数学定义，可使用递归算法计算该数列。如示例代码 3-3 所示，定义函数 fibonacci()，它接收一个参数。

示例代码 3-3

```python
# 定义函数求斐波那契数列第 n 项
def fibonacci(n):
    if n <= 1:
        return n
    else:
        return fibonacci(n-1)+fibonacci(n-2)
# 打印斐波那契数列第 0 项到第 10 项
for i in range(11):
    print(fibonacci(i))
```

运行程序后，输出结果如图 3-6 所示。

（三）排列组合

从 n 个不同元素中任意取 m 个元素，按照一定顺序排列叫作从 n 个不同元素中取出 m 个元素的一个排列。当 m=n 时，所有的排列情况叫全排列。排列组合问题主要研究可能出现的排列情况的总数。

图 3-6

利用递归算法可解决全排列问题。设定某个位置为固定位置（一般为首位），依次将待排列的序列中的元素固定在该位置（即将各个元素依次与首位元素进行交换作为首位），再对剩下元素构成的序列（子序列）求全排列。对子序列重复进行上述操作，直到子序列中只有一个元素。

例如对序列"1，2，3"进行全排列，如图 3-7 所示。

（1）将各个元素依次与 1 交换，固定在首位。

（2）对剩下的两个元素进行全排列，将剩下的两个元素依次固定在子序列的首位后，只剩下 1 个元素，全排列结束。

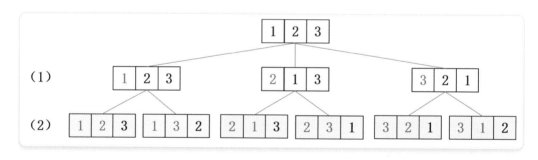

图 3-7

定义函数 permutation()，它接收三个参数：ln、start、end，分别代表待排序列、待排起始位置和待排终止位置，如示例代码 3-4 所示。

示例代码 3-4

```
def permutation(ln, start, end):
    if start == end:
        print(ln)
```

```
    else:
        for i in range(start, end + 1):
            ln[start], ln[i] = ln[i], ln[start]
            # 将第 i 个元素与首位元素交换
            permutation(ln, start + 1, end)    # 子序列进行全排列
            ln[start], ln[i] = ln[i], ln[start]
            # 将 i 个元素放回原位置，准备下一个元素的交换
num = [1, 2, 3]
permutation(num, 0, len(num)-1)
```

运行程序后，输出结果如图 3-8 所示。

```
控制台

[1, 2, 3]
[1, 3, 2]
[2, 1, 3]
[2, 3, 1]
[3, 2, 1]
[3, 1, 2]
程序运行结束
```

图　3-8

考点探秘

> 考题 |

（真题·2020.04）执行下列程序，输出的结果是（　　　）。

```
def hello(n):
    if n == 0:
        return 1
    elif n == 1:
        return 2
    else:
        return (hello(n-1)+hello(n-2))
print(hello(3))
```

A．3　　　　　　B．5　　　　　　C．8　　　　　　D．13

※ **核心考点**

考点 2：递归函数与递归算法

※ **思路分析**

本题主要考查递归函数的调用。

※ **考题解答**

调用函数 hello(3) 时，返回 hello(2)+hello(1)，此时计算机开辟内存运算 hello(2) 和 hello(1)。运算 hello(2) 返回 hello(1)+hello(0)，所以 hello(3) 等价于 hello(1)+hello(0)+hello(1)，结果为 2+1+2=5，故选 B。

※ **举一反三**

1．执行下列程序，输出的结果是（　　　）。

```
def multi(x):
    if x <= 1:
        return 1
    else:
        return multi(x-1) * multi(x-2) * 3
print(multi(4))
```

　　A．18　　　　　　B．27　　　　　　C．81　　　　　　D．243

> **考题 2**

（真题·2020.04）阶乘指从 1 乘以 2 乘以 3 乘以 4 一直乘到所要求的数。自然数 n 的阶乘是 n!=1×2×3×⋯×n。例如，4 的阶乘是 4!=1×2×3×4=24；7 的阶乘是 7!=1×2×3×4×5×6×7=5040。

递归函数也可以用来解决计算 n 的阶乘问题，例如计算 n 的阶乘 n!=1×2×3×⋯×n。用函数 fact(n) 表示，可以看出：fact(n) = n! = 1 * 2 * 3 * ⋯ * (n − 1) * n = (n−1)! * n = fact(n − 1) * n。

请根据提示，运用递归函数编写一个程序：用户输入一个正整数 n，程序输出 n 的阶乘 n!。

输入格式：

输入一个正整数：n

输出格式：

输出一个正整数：n！的值（若输出中包含其他字符，不得分）

输入样例：

7

输出样例：

5040

※ 核心考点

考点 2：递归函数与递归算法

考点 3：常用的递归算法实例

※ 思路分析

本题主要考查应用递归算法解决数学问题。

※ 考题解答

递归函数是指调用自身的函数。根据阶乘的数学定义，可以用自定义递归函数解决问题。根据数学定义设置基线条件和递归条件，如示例代码 3-5 所示。

示例代码 3-5

```
def factorial(n):
    if n == 1:
        return 1
    else:
        return factorial(n-1) * n

n = int(input())
print(factorial(n))
```

※ 举一反三

2．斐波那契数列又称为"黄金分割数列"，数列从 0 和 1 开始，从第三项起，每一项都等于前两项之和。在数学上，斐波那契数列表示如下。

$F_0 = 0$

$F_1 = 1$

$$F_n = F_{n-1} + F_{n-2} \ (n \geqslant 2)$$

请根据提示，运用递归函数编写一个程序：用户输入一个正整数 n，程序输出斐波那契数列的前 n 项。

输入格式：

输入一个正整数：n

输出格式：

输出若干正整数：斐波那契数列第 0 项至第 n 项（若输出中包含其他字符，不得分）

输入样例：

输入一个正整数：5

输出样例：

```
0
1
1
2
3
5
```

巩固练习

1. 执行下列程序，输出的结果是（　　）。

```python
def subtract(x, y):
    if x < 0:
        return 0
    else:
        return subtract(x-y,y) + x
print(subtract(8,2))
```

　　A. 12　　　　B. 18　　　　C. 20　　　　D. 40

2. 从 n 个不同元素中任意取 m 个元素，按照一定顺序排列，叫作从 n 个不同元素中取出 m 个元素的一个排列。当 m=n 时，所有的排列情况叫全排列。例如，A，B，C 三个元素的全排列包括：

（1）A，B，C；

（2）A，C，B；

（3）B，A，C；

（4）B，C，A；

（5）C，B，A；

（6）C，A，B。

请根据提示，运用递归函数编写一个程序，能够对列表中的元素进行全排列。

测试列表（可直接在程序中定义）：

['香蕉'，'苹果'，'梨子']

输出结果如图 3-9 所示。

图　3-9

专题4

文　件

　　计算机能成为必备的办公工具是因为它具有强大的处理信息的能力。读写文件是最常见的程序的输入和输出操作，Python 中内置了操作文件数据的函数。本专题，将了解如何在程序中打开 / 关闭文件、读取文件数据以及将信息写入文件。

考查方向

能力考评方向

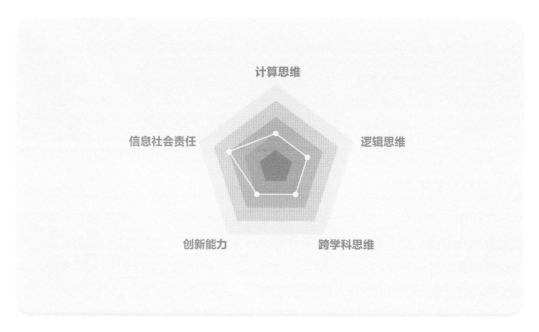

知识结构导图

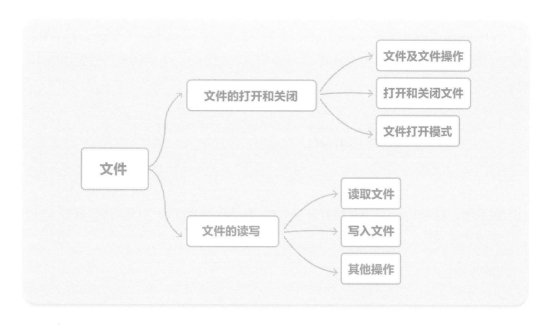

考点清单

考点 1　文件的打开和关闭

考点评估		考查要求
重要程度	★★★☆☆	1. 文件及其操作的概述；
难度	★★☆☆☆	2. 掌握文本文件的打开、关闭指令；
考查题型	选择题、操作题	3. 掌握 4 种打开文件的模式：r、w、x、a

（一）文件及文件操作

文件在本质上是一个数据序列，可以包含任何数据内容。用文件的形式组织和表达数据更灵活、更有效。文件有两种类型：文本文件和二进制文件。文本文件可以看作储存在计算机中的长字符串；二进制文件是非字符的、格式特定的文件，如 png 格式的图片文件、mp3 格式的音频文件等。

Python 对文本文件和二进制文件采用相同的操作步骤：打开—操作—关闭。常见的操作方式包括：读取文件数据、创建空白文件并写入数据。

（二）打开和关闭文件

Python 中的内置函数 open() 可以打开一个文件，它接收两个参数：文件名和打开模式。而 Python 中的内置函数 close() 可以关闭文件。它们的使用格式如图 4-1 所示。

```
<变量名> = open('<文件名>', '<打开模式>')
<变量名>.close()
```

图　4-1

如示例代码 4-1 所示，当省略打开模式时，默认以文本文件"只读方式"打开文件。

示例代码 4-1

```
# 打开文件
f = open('test.txt')
```

```
for i in f:  # 对文件进行操作
    print(i)
f.close()  # 关闭文件
```

当文件被打开时，文件处于占用状态，除了本程序外，其他程序不能操作这个文件。对文件进行操作将文件关闭后，另一个程序才能操作此文件。如图4-2所示。

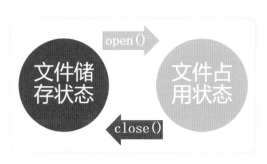

图　4-2

（三）文件打开模式

文件打开模式用于控制如何打开文件，函数 open() 中常见的打开模式如表 4-1 所示。

表　4-1

打开模式	含　义
r	只读模式（默认值），若文件不存在，则程序报错
w	覆盖写模式，若文件不存在则创建新文件，若文件存在则完全覆盖原内容
x	创建写模式，若文件不存在则创建新文件，若文件存在则程序报错
a	追加写模式，若文件不存在则创建新文件，若文件存在则在最后追加内容
+	与 r/w/x/a 一同使用，在原功能基础上增加同时读写功能

函数 open() 的第二个参数——打开模式，用字符串的方式表示。不同的需求可使用不同的打开模式，例如，如果只需要读取文件数据，使用 r 模式即可；重写文件内容时，需要选择 w 模式。如示例代码 4-2 所示，程序以覆盖写模式打开了名为 new.txt 的文本文件。

示例代码 4-2

```
f = open('new.txt','w')
```

● 备考锦囊

（1）调用函数 open() 打开文件时，如果第一个参数仅指明文件名而不包括文件路径，程序文件和打开的文件需要放置在同一个文件夹中。

（2）如果程序文件和需要打开的文件不在一起，需要指定打开文件的文件路径。例如，桌面上的 test.txt 文件可以这样表示：C:\Users\admin\Desktop\test.txt。右击文件，查看文件"属性"，可以查找到文件的路径，如图 4-3 所示。

图　4-3

考点 2　文件的读写

考 点 评 估		考 查 要 求
重要程度	★★★★☆	掌握文档的读写指令：
难度	★★★☆☆	read() readline() readlines() write() writelines() seek()
考查题型	选择题、操作题	

（一）读取文件

Python 提供了三种常用的读取文件的方法，假定保存打开文件的变量名为 f，如表 4-2 所示。

表 4-2

方 法	作 用
f.read()	以字符串的形式返回读取的数据，若传递一个参数，则代表读取的字符数，若不传递参数，则读取文件所有内容
f.readline()	读取文件一行内容，以字符串的形式返回读取的数据，若传递一个参数，则表示读取该行的字符数
f.readlines()	从文件中读取所有行，以列表形式返回数据，列表的每一个元素就是文件中的每一行，若传递一个参数，则表示读取的行数

文本文件 animal.txt 如图 4-4 所示，示例代码 4-3 使用函数 read() 读取文件所有内容。

图 4-4

示例代码 4-3

```
f = open('animal.txt','r')
content = f.read()
print(content)
f.close()
```

运行程序后，输出结果如图 4-5 所示。

```
控制台

I like cats,
and you like dogs.
程序运行结束
```

图 4-5

示例代码 4-4 使用函数 readlines() 读取文件 animal.txt 的内容，并逐行打印。

示例代码 4-4

```python
f = open('animal.txt','r')
content = f.readlines()
print(content)   # 打印函数 readlines() 读取的内容
for i in content:   # 逐行打印
    print(i)
f.close()
```

运行程序后，输出结果如图 4-6 所示。

```
控制台

['I like cats,\n', 'and you like dogs.']
I like cats,

and you like dogs.
程序运行结束
```

图 4-6

如果文件非常大，一次性读取文件内容可能会影响程序的执行速度。Python 可将文件本身作为一个序列，通过 for 循环遍历文件逐行处理，如示例代码 4-5 所示。

示例代码 4-5

```python
f = open('animal.txt', 'r')
for i in f:
    print(i)
f.close()
```

运行程序后，输出结果如图 4-7 所示。

```
控制台

I like cats,

and you like dogs.
程序运行结束
```

图　4-7

（二）写入文件

Python 提供了两种常用的写入文件的方法，假定保存打开文件的变量名为 f，如表 4-3 所示。

表　4-3

方　法	作　用
f.write()	接收一个字符串参数，并将该字符串写入文件
f.writelines()	接收一个以字符串为元素的序列（如列表或元组）为参数，将序列中元素依次写入文件

如示例代码 4-6 所示，使用函数 write() 将文本信息写入文件。

示例代码 4-6

```
f = open('poem.txt', 'w')
f.write('白日依山尽，黄河入海流。')
f.close()
```

运行程序后，poem.txt 文件如图 4-8 所示。

图　4-8

如示例代码 4-7 所示，调用函数 writelines() 将学生成绩逐个录入文件。

示例代码 4-7

```
f = open('math_scores.txt', 'w')
scores = ['同学A:78分\n','同学B:90分']   #\n 为换行符
f.writelines(scores)
f.close()
```

运行程序后，math_scores.txt 文件如图 4-9 所示，列表中的每一个元素对应文件的一行。

图　4-9

（三）其他操作

除了直接读取文件数据和写入文件的函数方法外，Python 还提供了一些协助处理文件数据的方法，假定保存打开文件的变量名为 f，如表 4-4 所示。

表　4-4

方　法	作　用
f.seek()	移动文件读取指针到指定位置，接收一个参数时，参数代表从起始位置需要移动的字符数。如果操作成功，返回新的文件位置，如果操作失败，则返回—1

文件 hobby.txt 如图 4-10 所示，示例代码 4-8 移动读取指针输出指定字符。

图　4-10

示例代码 4-8

```
f = open('hobby.txt', 'r')
f.seek(2)    # 读取指针从起始位置向后移动两个字符
w1 = f.read(2)   # 读取两个字符
print(w1)
f.close()
```

运行程序后，输出结果如图 4-11 所示。

控制台
ts
程序运行结束

图　4-11

考点探秘

> 考题 I

（真题·2020.04）下列是康康老师编写的一个程序，若要将列表的元素写入 txt 文件中，则下列程序中 ① 处应该填写的是（　　）。

```
print('\n "姓名：","科目","成绩"')
file = open("message.txt", 'w')
ls = [" 小明 "," 数学 ","100 分 "]
file.___①___(ls)
print("\n 录入一个学生成绩信息 ")
file.close()
```

A．writelines 　　　B．readlines 　　　C．read 　　　D．write

※ 核心考点

考点 2：文件的读写

※ **思路分析**

本题主要考查写入文件的方法，区分函数 write() 和函数 writelines() 的使用方法。

※ **考题解答**

从程序第 4 行代码可知，未知方法使用列表 ls 作为参数，并将列表中的信息写入文件。函数 writelines() 接收一个以字符串为元素的序列（如列表或元组）为参数，将序列中元素依次写入文件，符合题目要求，故选 A。

※ **举一反三**

1. 现要在文本文件 message.txt 中写入信息，在 ①② 处应依次填入（   ）。

```python
file = open("message.txt", 'w')
title = '姓名 学科 成绩'
file.   ①   (title)
ls = ["小红", "语文", "90分"]
file.   ②   (ls)
file.close()
```

    A．read, write   B．writelines, write

    C．write, write   D．write, writelines

考题 2

现要在空白文件 test.txt 中添加列表内容，则在 ① 处应填写的是（   ）。

```python
fo = open('test.txt',"   ①   ")
lst = ["唐僧", "孙悟空", "猪悟能", "沙悟净"]
fo.writelines(lst)
fo.close()
```

    A．r   B．w   C．x   D．t

※ **核心考点**

考点 1：文件的打开和关闭

※ **思路分析**

本题主要考查根据需求选择合适的文件打开模式。

※ **考题解答**

　　r 表示只读模式，w 表示覆盖写模式，x 表示创建写模式，t 表示文本文件打开模式。根据题目要求，要在空白文件中写入内容，选项 A 和 D 无法在文件中写入内容；在文件已存在的情况下，填入选项 C 程序会报错。故选 B。

※ **举一反三**

　　2．现要在文本文件 hobby.txt 中追加写入小红的爱好，则在 ① 处应填写的是（　　）。

```
f = open('hobby.txt','___①___')
f.write('小红喜欢喝奶茶。')
f.close()
```

　　　A．a　　　　　B．w　　　　　C．x　　　　　D．r

巩固练习

　　1．下列选项表述正确的是（　　）。

　　　A．函数 open() 只能打开文本文件

　　　B．文件读取指针只能从文件开始位置依次读取数据

　　　C．假定保存打开文件的变量名为 f，f.read() 可以读取文件一行内容

　　　D．以上说法皆不正确

　　2．现要将文本文件 message.txt 中的信息逐行打印，则在①②处应填写的是（　　）。

```
f = open('message.txt', '___①___')
ls = f.___②___()
for i in ls:
    print(i)
f.close()
```

　　　A．w, read　　　　　　　　B．r, readline

　　　C．r, readlines　　　　　　D．w, readlines

模　块

　　如果说函数实现的是某个特定的功能，那么模块就是很多个功能的集合，模块中可以包含很多函数。我们使用过 turtle 模块绘制图案，其实我们也可以像创建自定义函数一样创建自己的模块。在程序中调用已编写好的模块，可以更便捷地解决问题，让复杂且庞大的程序结构变得清晰。本专题，将一起学习模块的知识。

考查方向

能力考评方向

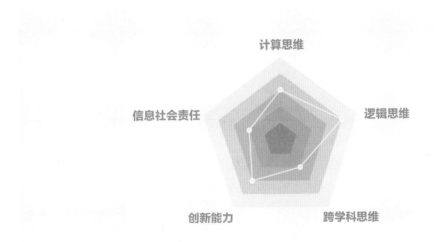

知识结构导图

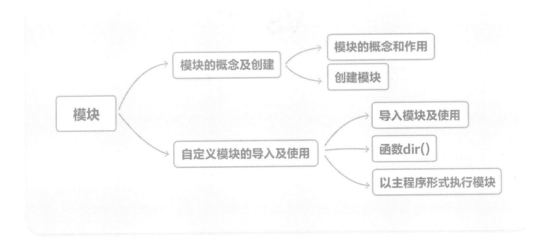

考点清单

考点1 模块的概念及创建

考点评估		考查要求
重要程度	★★★★☆	1. 理解 Python 中模块的概念及作用；
难度	★★★★☆	2. 掌握创建模块的方法
考查题型	选择题、操作题	

（一）模块的概念和作用

随着程序复杂性的增加，你会发现自己写的程序越来越长，定义的函数也越来越多，这样要对代码进行维护就更加困难了。怎么解决这个问题呢？我们可以把函数分组，分别放到不同的模块里，只要在使用的时候分别调用这些模块就可以了，如图 5-1 所示。

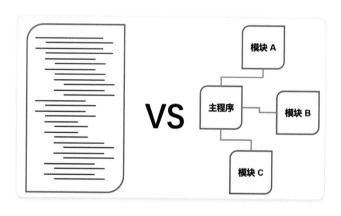

图 5-1

自定义模块有两个作用：

（1）规范代码，易于阅读；

（2）不需要重复编写功能相同的代码，提高效率。

在 Python 中，一个以 .py 为后缀的代码文件就称为一个模块（Module），模块包含了代码文件中定义的函数和变量。如图 5-2 所示的文件为 Fum 模块。

图 5-2

自定义模块有两个过程：创建模块和导入模块。我们先来学习如何创建一个模块。

（二）创建模块

你知道重量单位"磅"和"千克"之间如何转换吗？一英寸又等于多少厘米呢？转换公式如图 5-3 所示。

1 千克（公斤）= 2.20462262185 磅

1 英寸 = 2.54 厘米

图　5-3

编写示例代码 5-1，然后把程序文件保存，命名为 my_module.py，这样就创建了一个名字叫 my_module 的模块。这个模块中有两个函数：lb_to_kg() 和 inch_to_cm()。

示例代码 5-1

```
# 这是文件 my_module.py
# 我们将在其他程序中使用这个模块
def lb_to_kg(lb):
    kg = lb*2.2046    # 将单位由磅转换为千克
    return kg
def inch_to_cm(inch):
    cm = inch/2.54    # 将单位由英寸转换为厘米
    return cm
```

● 备考锦囊

保存文件给模块命名时，模块名要符合变量命名规则，同时要注意以下两点：

（1）创建的模块不能和 Python 中自带的模块名同名，否则系统中自带的同名模块将无法被使用；

（2）模块名中不能含有中文或其他特殊字符。

专题
5

考点2 自定义模块的导入及使用

考 点 评 估		考 查 要 求
重要程度	★★★★☆	1. 掌握导入模块及其使用的方法；
难度	★★★★☆	2. 了解查看模块内定义的所有名称的函数：dir()；
考查题型	选择题、操作题	3. 掌握如何以主程序的形式执行模块

（一）导入模块及使用

想要在程序中使用其他模块中的函数，要先使用 import 关键字导入该模块。一个模块在程序中只需要导入一次。使用模块的程序文件和模块文件需要在同一文件夹中，这样模块才能被成功导入并使用。

导入模块的方式有两种：全部导入和部分导入。

1. 全部导入

import + 模块名，导入模块的所有内容。使用时，要具体指定使用哪个模块的哪个部分，如示例代码 5-2。

示例代码 5-2

```
import my_module  # 全部导入
a = my_module.lb_to_kg(10)   # 调用 my_module 模块中的 lb_to_kg() 函数
print(a)
```

程序运行后，输出结果如图 5-4 所示。

控制台

22.046
程序运行结束

图 5-4

如果模块名比较复杂，可以加上 as 关键字，给导入的模块起一个别名，如示例代码 5-3 所示。

示例代码 5-3

```
import my_module as mm
a = mm.lb_to_kg(10)   # 使用模块的别名 mm，用模块中的函数
Print(a)
```

程序运行后，输出结果如图 5-5 所示。

图　5-5

2．部分导入

from+ 模块名 +import+ 函数名，可以导入模块的某些函数。使用这种导入方式，调用函数时，不需要在函数名前面添加模块名，如示例代码 5-4 所示。

示例代码 5-4

```
from my_module import inch_to_cm
# 从 my_module 模块中导入函数 inch_to_cm()
a = inch_to_cm(10)    # 直接使用函数名即可调用函数
print(a)
```

程序运行后，输出结果如图 5-6 所示。

控制台
3.937007874015748
程序运行结束

图　5-6

注意：如果在调用模块时，使用部分导入的方法，但在使用函数时却用全部导入的写法，则程序会报错。

除了上述三种方法之外，还可以使用 from random import * 的方法来导入模块的所有内容，具有和全部导入相同的作用。

（二）函数 dir()

使用内置函数 dir()，可以看到模块中都有哪些函数。如示例代码 5-5 所示，查看 my_module 模块的内容。

示例代码 5-5

```
import my_module
print(dir(my_module))
```

程序运行后，输出结果如图 5-7 所示。

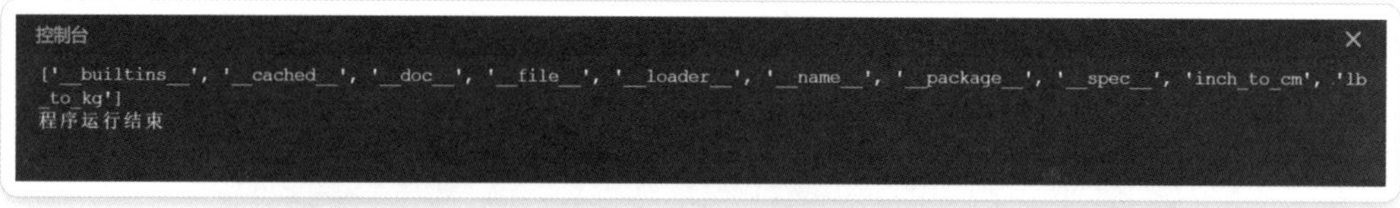

图 5-7

（三）以主程序形式执行模块

Python 模块的代码可以通过两种方式被执行：

（1）以主程序形式执行，该模块直接作为主程序运行代码；

（2）作为被导入的模块，在其他程序运行时被执行。

我们将模块的部分代码设置为"只在本模块作为主程序被执行时"才可以被使用，将其放到"if __name__ == '__main__':"语句的内部。如果此模块被其他程序导入，"if __name__ == '__main__':"内部的这些代码不会被执行。这样既不会影响本模块执行代码，也不会影响调用方程序使用本模块。

给上述定义的 my_module 模块增加代码，如示例代码 5-6 所示。

示例代码 5-6

```
#my_module 模块


def lb_to_kg(lb):
    kg = lb/2.2046 #将单位由磅转换为公斤
    return kg
def inch_to_cm(inch):
    cm = inch*2.54 #将单位由英尺转换为厘米
    return cm


if __name__ == '__main__':
    print('测试代码！')
    print('我是以主程序的形式被执行的，没有被加载到其他程序中！')
```

运行此模块代码，输出结果如图 5-8 所示。如果该模块被其他程序导入，当调用方程序运行时，不会输出"测试代码"等两行内容。

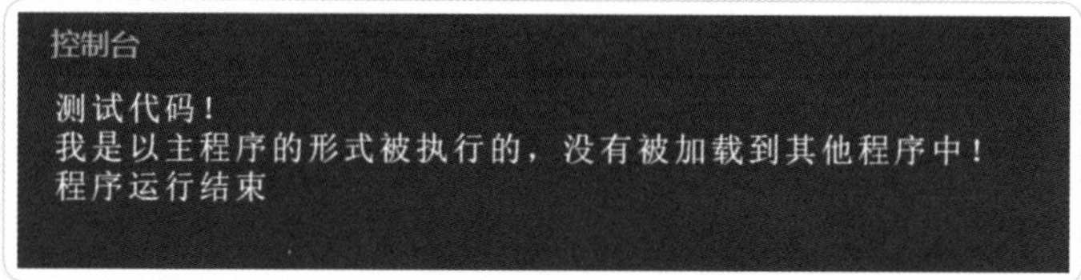

图 5-8

考点探秘

▶ 考题 1

（真题·2020.04）下列选项中，导入 random 库的方法错误的是（　　）。

A．import random as r

B．from random import ＊

C．import random

D．import random from as r

※ **核心考点**

考点 2：自定义模块的导入及使用

※ **思路分析**

本题主要考查模块的导入方法、导入代码的语法等。

※ **考题解答**

导入模块有以下三种格式。

（1）部分导入：from ＋ 模块名 ＋ import ＋ 函数名；

（2）全部导入：import ＋ 模块名；

（3）from ＋ 模块名 ＋ import ＊。

因此，选项 A、B、C 均正确，选项 D 把全部导入和部分导入的写法混杂在一起，不符合语法，故选 D。

▶ 考题 2

（真题·2020.04）在同一个文件夹内有 fac.py 和 Fum.py 两个文件，其程序如下。

```
def fac(n):
    num=0
    for i in range(1,n):          fac.py
        num += i
    return num
```

```
from fac import*
n=int(input())
print(fac(n))
```
Fum.py

运行 Fum.py 文件，输入：10，则输出的结果是（　　）。

A．36　　　　　　B．45

C．59　　　　　　D．81

※　**核心考点**

考点 2：自定义模块的导入及使用

※　**思路分析**

本题考查导入模块的语法知识，以及对模块概念的综合理解。

※　**考题解答**

如图 5-11 所示，有两个文件：fac.py 和 Fum.py。其中 fac.py 文件中定义了一个函数 fac()。根据 Fum.py 文件的第一行代码，可以知道该程序引用了 fac 模块，根据第三行代码，可以知道使用了 fac 模块的函数 fac()。运行 Fum.py 程序，输入 10，经过类型转换，转换成数字 10，作为参数传递给函数 fac()。分析调用 fac(10) 的作用是计算从 1 加到 9 的结果，因此输出的结果是 45，故选 B。

考题 3

创建一个文件名为 rectangle.py 的模块，其程序如下。

```
def girth(x,y):
    return(x+y)*2
```

现有同一文件夹中的 transfer.py 文件，其程序如下。

```
from rectamgle import*
if__name__=='__main__':
    print(girth(20,30))
```

运行 transfer.py 文件程序，输出的结果是（　　）。

A．girth(20, 30)　　　B．50　　　C．2　　　D．100

※ **核心考点**

考点 2：自定义模块的导入及使用

※ **思路分析**

该题考查导入模块的语法，调用模块函数的代码写法，对模块机制的理解等。

※ **考题解答**

观察分析程序的关系。rectangle.py 模块中有一个函数 girth()，根据模块名和函数名，大概可以分析出这是一个求矩形周长的函数，参数是矩形的长和宽。分析 transfer.py 第二行代码：当程序作为主程序运行时，__name__ 的值为 __main__；当程序作为模块被其他程序导入时，__name__ 的值为模块的文件名。在这个程序中，transfer.py 作为主程序直接执行，因此可以运行"if __name__ == '__main__':"内部的语句，以调用 rectangle 模块中的 girth() 函数。传递参数 20 和 30，代码写法没有错误。最终，可以得到计算的结果：(20+30)×2 = 100。故选 D。

巩固练习

1．下列关于导入模块的说法正确的是（　　）。

　　A．模块文件必须和主程序保存在同一个文件夹内，主程序才能被成功调用模块中的函数

　　B．无论被导入的模块文件与主程序是否在同一个文件夹下，都不需要指定文件的路径

　　C．如果 import file1.file2.mod1 成功导入了模块，其作用是导入 file1 文件夹下的 file2 文件夹里的 mod1 模块

　　D．from mod import my_module 这句代码只可能是导入 mod 模块中的 my_module() 函数

2．下列选项说法正确的是（　　）。

　　A．from A import B，用于从模块 A 中导入模块 B

　　B．from B import *，用于导入模块 B 的所有内容

　　C．import A，用于导入模块 A 的所有函数名

　　D．import B from A，用于从模块 A 中导入函数 B

包

你听说过"打包"这个词语吗？当程序所需的模块比较多时，要把这些模块同时导入程序，将会面临很大的麻烦，逐行导入模块中的代码会让人眼花缭乱。Python 为我们提供了一个便捷的方式——包，将这些模块整合放进一个"包"里。在使用模块时，通过导入包，就可以任意取用其中的模块了。

考查方向

能力考评方向

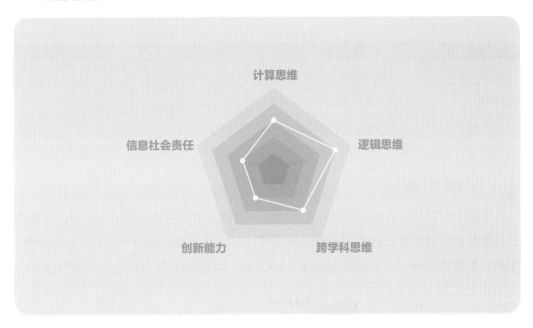

知识结构导图

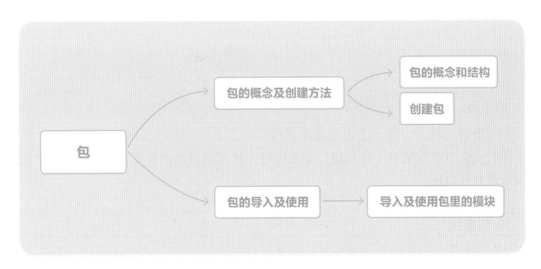

考点清单

考点1 包的概念及创建方法

考点评估		考查要求
重要程度	★★★☆☆	1. 理解包的概念和结构;
难度	★★★☆☆	2. 掌握创建包的方法
考查题型	选择题、操作题	

（一）包的概念和结构

实质上，包可以看作一个文件夹，它将一组功能相似的模块集中在一起，规范代码，避免模块名重复。在程序员开发实际项目时，通常会创建多个包用于存放文件。如图 6-1 所示，mod 文件夹中包含着 mod1.py、mod2.py 和 mad3.py 三个模块。

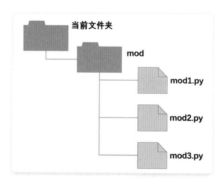

图　6-1

需要注意的是，每一个包里都必须存在一个名为 __init__.py 的程序文件。在__init__.py 中可以编写一些代码，导入包时，就可以自动执行了，__init__.py 中也可以没有任何代码。

（二）创建包

如何创建一个包呢？首先要将打包的所有模块都放在一个文件夹内。下面我们创建三个模块，分别命名为 mod_a、mod_b 和 mod_c，各自的程序内容如示例代码 6-1 ～示例代码 6-3 所示。

示例代码 6-1

```
def print_a():
    print(' 使用模块 a')
```

示例代码 6-2

```
def print_b():
    print(' 使用模块 b')
```

示例代码 6-3

```
def print_c():
    print(' 使用模块 c')
```

将这三个模块存入一个文件夹内，文件夹起名为 pac，这就是包的名字。在 pac 文件夹内创建一个名为 __init__.py 的 Python 文件，请保证文件名的前后都有两个下画线。在 __init__.py 程序中编写代码，如示例代码 6-4 所示。

示例代码 6-4

```
from . import mod_a
from . import mod_b
from . import mod_c
# 点 "." 代表当前文件夹
```

__init__.py 文件就像是包的目录，包中包含了哪些模块都一目了然。在此文件中，将所包含的模块全部导入，这样才能保证包被导入后，包中的每一个模块都可以在程序中被使用。当包被导入后，会自动执行文件夹中的 __init__.py 文件，那么包中包含的模块就会被全部导入，供主程序使用。

如果包中还有包，每一个包都需要配备一个 __init__.py 文件（不同包中的同名文件不冲突），那么在执行导入包的代码时，就会通过递归的方式将一层一层的模块全部导入进来，以供使用，如图 6-2 所示。

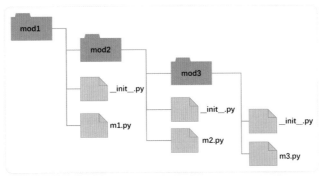

图　6-2

专题
6

考点2 包的导入及使用

考 点 评 估		考 查 要 求
重要程度	★★★☆☆	
难度	★★★★☆	掌握导入并使用包中模块的方法
考查题型	选择题、操作题	

导入及使用包里的模块

创建和待导入包在同一层级的程序文件，如示例代码 6-5 所示。

示例代码 6-5

```
import pac # 导入包


pac.mod_a.print_a()
# 使用包中 mod_a 模块的函数 print_a()
```

运行程序后，输出结果如图 6-3 所示。

```
控制台

使用模块a
程序运行结束
```

图　6-3

使用全部导入的方式，需要用全名去调用模块中的函数等内容。使用部分导入的方式，只需要导入包中特定的模块即可。比如一个模块的名称是 A.B，这表示它是包 A 中的模块 B，这样的命名方式可以保证使用不同包里的同名模块而不发生冲突，如示例代码 6-6 所示。

示例代码 6-6

```
from pac import mod_b
mod_b.print_b()   # 使用模块 mod_b 中的函数 print_b()
```

运行程序后，输出结果如图 6-4 所示。

图 6-4

使用部分导入的方式还可以直接导入包中模块的函数、变量等内容，如示例代码 6-7 所示。

示例代码 6-7

```
from pac.mod_c import print_c
print_c()  # 直接使用函数
```

运行程序后，输出结果如图 6-5 所示。

图 6-5

考点探秘

考题 1

（真题·2020.04）创建包时，在包文件夹内通常包含的文件是（   ）。

A. admin B. __init__.py C. __main__.py D. __name__.py

※ 核心考点

考点 1：包的概念及创建方法

※ 思路分析

本题考查包的概念和含义，理解 __init__.py、__main__、__name__ 的含义。

※ 考题解答

　　__init__.py 是每个包中都含有的文件，当文件夹中含有一个 __init__.py 文件时，才会被认为是一个包。__name__ 是包 / 模块的属性，__main__ 是 __name__ 属性可能的取值，代表这个当前的模块自身在运行。故选 B。

❯ 考题 2

　　如图 6-6 所示，需要用到 pac1 包中的 my_module2 模块，和 pac2 包中的 my_module1 模块。请写出导入包或模块的代码。要求：只导入所需模块，其余模块不导入。

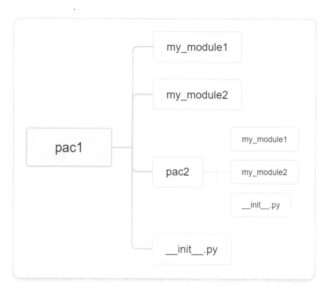

图　6-6

※ 核心考点

　　考点 2：包的导入及使用

※ 思路分析

　　本题考查导入和使用包的方法。

※ 考题解答

　　根据图 6-6，需要用到 pac1 包中的 my_module2 模块和 pac2 包中的 my_module1 模块。pac2 在 pac1 包中，因此要使用 pac1.pac2 来到 pac2 包里，随后指出

pac2 中的 my_module1 模块；pac1 中的 my_module2 模块直接就在 pac1 中，所以使用 pac1.my_module2 表示。

```
import pac1.pac2.my_module1    # 使用部分导入的方式精确导入
import pac1.my_module2
```

巩固练习

包中的模块层级图如图 6-7 所示，请问下列表述正确的是（　　　）。

A．mod1 是包　　　　　　　　　　B．mod1 是模块

C．__init__.py 是模块　　　　　　　D．__init__.py 是包

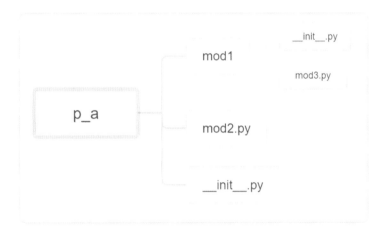

图　6-7

专题7

类

Python 是一门面向对象编程的程序设计语言，每个对象都具有属性和行为，类是封装它们的载体，面向对象编程就需要学会使用类来解决问题。本专题，将一起来认识类、创建类、使用类。

考查方向

能力考评方向

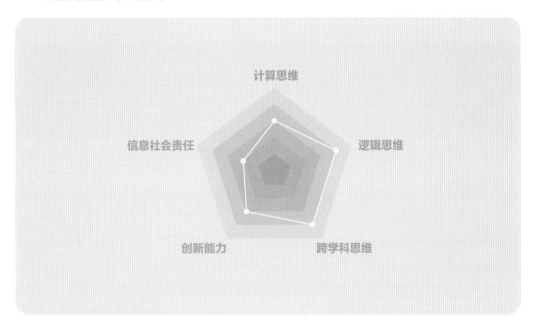

知识结构导图

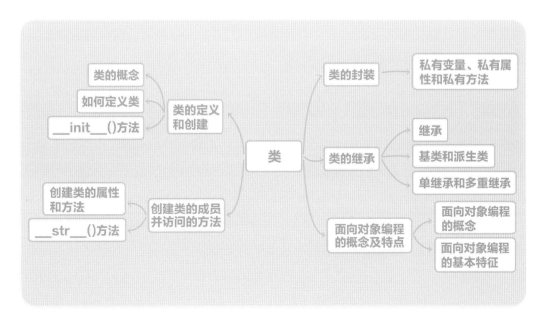

考点清单

考点 1　类的定义和创建

考点评估		考查要求
重要程度	★★★★☆	1．理解什么是类；
难度	★★★☆☆	2．掌握定义类的方法；
考查题型	选择题、操作题	3．理解并学会使用 __init__() 方法

（一）类的概念

　　类就像一个模板，按照类给出的模板，可以创建出一个个对象。类是抽象的，对象是具体的。如果把"类"视作数据类型，对象就是这个类型中的某个数据。从类创建对象的过程，称为实例化，即对象是类的实例。

　　例如，一只猫是一个具体的对象，将猫的特征抽象出来，猫类就对应"类"。类是具有相同属性和方法的对象的集合，定义了集合中每个对象所共有的属性和方法。类有属性和方法，属性表示"是什么"，方法表示"怎么做"。

　　猫类共有的属性是名字、毛色和年龄，如表 7-1 所示。猫类共有的行为有会发出"喵～"的叫声和胎生繁殖，如图 7-1 所示。类和对象可以拥有任何数量和类型的数据，可以定义多个方法，同一个类的对象之间的方法相同，属性的数量相同，但属性的具体数据可以不同。

表　7-1

属性	名字	毛色	年龄
猫 A	小仙女	白色	1
猫 B	巧克力	黑色	2
猫 C	皮皮	蓝色	3

图　7-1

（二）如何定义类

定义类需要用到关键字 class，如示例代码 7-1 所示，这个程序定义了一个名为 Cat 的类，class 之后是类名，括号中的 object 表示该类继承于哪个类，若没有其他可继承的类，则填写 object，最终所有类都会继承 object 类。

示例代码 7-1

```
class Cat(object):
    name = 'cat'
```

现在 Cat 类拥有了一个属性 name，并且属性的初始值是 cat。

（三）__init__() 方法

给 Cat 类定义一个 __init__() 方法，这是类的构造方法。从类创建对象时，会自动调用构造函数来初始化对象的属性。__init__() 方法的第一个参数永远是 self，代表着创建的实例本身，之后的参数代表各个属性，如示例代码 7-2 所示。

示例代码 7-2

```
class Cat(object):
    def __init__(self, name, color, age):
    # 将传入的参数赋值给对象属性
        self.name = name
        self.color = color
        self.age = age
```

在类中定义的变量分为类变量和实例变量，示例代码 7-1 中定义的 name 是类变量，由这个类生成的所有对象的类变量值都相同。__init__() 方法定义的数据是实例变量，实例变量值的作用域只是实例对象。

考点 2　创建类的成员并访问的方法

考点评估		考查要求
重要程度	★★★★★	1. 掌握创建类的成员并访问的方法（属性、变量、方法）；
难度	★★★★★	
考查题型	选择题、操作题	2. 掌握 __str()__ 方法

（一）创建类的属性和方法

无论写入属性数据，还是读取属性数据，都要使用"self.属性名"的格式访问。定义类的方法，除第一个参数是 self 外，其余的与定义普通函数的方法相同。

有了 Cat 类为模板，就可以创建实例了。创建实例时，会根据传入的参数，初始化对象的属性数据。传入参数时，注意参数的类型和顺序，self 参数位置不必传入参数。调用类的方法时，同样不必传递 self 参数，其他参数位置对应传入数据，如示例代码 7-3 所示。

示例代码 7-3

```python
class Cat(object):
    def __init__(self, name, color, age):
        self.name = name
        self.color = color
        self.age = age

    def print_info(self):
        # 输出猫的信息
        print(self.name,' 毛色：',self.color,' 猫龄：',self.age)

# 通过类名 +() 的格式创建实例，赋值给变量 c1，得到对象 c1
c1 = Cat(' 仙女 ','white',1)    # 使用构造函数
c1.print_info()    # 调用对象的方法
c1.name = 'miao'    # 修改对象的属性值（类的属性初始值不变）
c1.print_info()    # 调用对象的方法
```

程序运行后，输出结果如图 7-2 所示。

```
控制台

仙女  毛色：  white  猫龄：  1
miao 毛色：  white  猫龄：  1
程序运行结束
```

图　7-2

创建实例时，还可以在外部添加对象的属性，但不影响类的属性数量，由类新生成的对象属性数量不变，同一个类的各个对象拥有的数据独立且互相不影响。继续编写程序验证，如示例代码 7-4 所示。

示例代码 7-4

```
class Cat(object):
    def __init__(self, name, color, age):
        self.name = name
        self.color = color
        self.age = age
    def print_info(self):
        # 输出猫的信息
        print(self.name, '毛色:', self.color, '猫龄:', self.age)

c1 = Cat('仙女', 'white', 1)    # 实例化对象 c1
c2 = Cat('皮皮', 'blue', 2)     # 实例化对象 c2
c1.color = 'brown'    # 修改对象属性
c1.print_info()    # 输出信息
c2.print_info()
```

程序运行后，输出结果如图 7-3 所示。

```
控制台
仙女  毛色:  brown 猫龄:  1
皮皮  毛色:  blue 猫龄:  2
程序运行结束
```

图　7-3

（二）__str__() 方法

如果在类中定义了 __str__() 方法，当在类的外面使用函数 print() 输出对象时，就会打印出这个方法返回的字符串数据，如示例代码 7-5 所示。

示例代码 7-5

```
class Cat(object):
    def __init__(self, name):
        self.name = name
    def __str__(self):
        # 输出猫的信息
        return '猫的名字是:'+self.name

c1 = Cat('糖糖')    # 使用构造函数
print(c1)
```

程序运行后，输出的结果如图 7-4 所示。

```
控制台
猫的名字是：糖糖
程序运行结束
```

图　7-4

考点3　类的封装

考 点 评 估		考 查 要 求
重要程度	★★★☆☆	
难度	★★★★☆	掌握并理解私有变量、私有属性和私有方法
考查题型	选择题、操作题	

私有变量、私有属性和私有方法

数据封装帮助隐藏内部复杂的代码，但外部代码依然可以通过访问对象的方法来操作对象的属性数据。若要让对象的内部变量或方法不可被访问和改变，起到真正"隐藏"作用，可将其改为私有，方法就是在名字前面加上两个下画线。类变量、实例变量和类的方法都可以用这种方式变为私有变量、私有属性和私有方法，如示例代码 7-6 所示。

示例代码 7-6

```python
class Cat(object):
    def __init__(self, name):
        self.__name = name
    def print_info(self):
        # 输出猫的信息
        print(self.__name)


c1 = Cat(' 糖糖 ')   # 使用构造函数
c1.print_info()
print(c1.__name)
```

程序运行后，输出结果如图 7-5 所示。

```
控制台
糖糖
Traceback (most recent call last):
  File "C:\Users\admin\AppData\Local\Temp\codemao-BuEZG2/temp.py", line 12, in <module>
    print(c1.__name)
AttributeError: 'Cat' object has no attribute '__name'
程序运行结束
```

图 7-5

考点 4 类的继承

考点评估		考查要求
重要程度	★★★★★	1. 继承的语法；
难度	★★★★☆	2. 理解基类和派生类的定义；
考查题型	选择题、操作题	3. 掌握简单的单继承和多重继承的编写方法

（一）继承

创建新的类可以从现有的类继承，被继承的类叫作基类（或父类、超类），继承得到的新类叫作派生类（或子类），如示例代码 7-7 所示。

示例代码 7-7

```python
class parent(object):
    def __init__(self,name,age):
        self.name = name
        self.age = age
    def print_info(self):
        print(self.name,':',self.age,'岁')
class child(parent):
    pass


a = parent('Tim',43)   # 实例化基类
b = child('Tom',12)   # 实例化派生类
a.print_info()
b.print_info()
```

运行程序后，输出结果如图 7-6 所示。

```
控制台
Tim ： 43 岁
Tom ： 12 岁
程序运行结束
```

图　7-6

假设我们已经有了基类，派生类继承自基类，即使没有任何新增内容，也拥有了从基类继承来的属性、方法。还可以在派生类中增加更多的属性和方法。

（二）基类和派生类

当派生类从基类继承来的方法不能满足需求时，需要重写基类的同名方法。在派生类中，新方法将覆盖原来的基类方法。这个过程叫作方法的重写（也叫方法的覆盖）。这体现了面向对象编程的又一特性——多态。如示例代码 7-8 所示，a 是基类 parent 的对象；b 既是派生类 child 的对象，也是基类 parent 的对象。

示例代码 7-8

```python
class parent(object):
    def __init__(self,name,age):
        self.name = name
        self.age = age

    def print_info(self):
        print('调用基类的方法 ')
        print(self.name, ':', self.age, '岁 ')

class child(parent):
    def print_info(self):
        print('调用派生类的方法 ')
        super(). print_info()

a = parent('Tim', 43)
b = child('Tom',12)
a.print_info()
b.print_info()
```

程序运行后，输出结果如图 7-7 所示。

控制台

调用基类的方法
Tim : 43 岁
调用派生类的方法
调用基类的方法
Tom : 12 岁
程序运行结束

图　7-7

（三）单继承和多重继承

多重继承是指一个派生类继承了多个基类。如示例代码 7-9 所示，对象 c 既是 childB 的对象，也是 parent、childA 的对象。

示例代码 7-9

```python
class parent(object):
    pass
class childA(object):
    pass
class childB(parent,childA):
    pass


c = childB()
```

派生类名后面括号中的类的顺序也很重要。如果各个基类中有同名的方法，且派生类中没有这个同名方法，将会按照从左到右的顺序在基类里面寻找。

考点 5　面向对象编程的概念及特点

考点评估		考查要求
重要程度	★★★☆☆	1. 理解面向对象编程的概念；
难度	★★★★☆	2. 理解面向对象程序设计的三个基本特征
考查题型	选择题	

（一）面向对象编程的概念

面向对象编程是一种程序设计思想，为解决编程问题提供了另一种高效的思路。

面向对象编程将对象作为程序的基本单元，对象包含属性和方法，把数据整合为对象的属性，将处理数据的函数作为对象的方法。程序执行的过程就是对象之间传递、处理数据信息的过程。

例如，要处理一组猫的信息。一只猫有着自己的属性：名字、毛色、年龄，也有着自己的方法：输出名字、毛色、年龄属性信息。创建对象表示猫，使用对象的方法就能把猫的名字和毛色等属性输出，如图7-8所示。

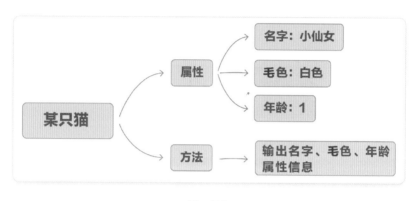

图　7-8

● 备考锦囊

　　面向对象编程的设计思想就是抽象出类，根据类来创建实例（也就是对象）。

（二）面向对象编程的基本特征

面向对象编程的设计思想有三个基本特征：封装、继承和多态。

（1）封装：是指将数据进行封装，把数据信息作为对象的属性"封"起来。不必从对象的外部获取对象的数据，而是利用对象的方法去访问对象内部的数据，甚至不必知道对象方法的内部结构。数据封装有利于类的复用，编写其他的程序时可以直接使用已经定义好的类。

（2）继承：是指类和类之间可以具有类似"父子"的关系，一个类可以继承另一个类的属性和方法，可以"复用"代码，省去很多重复、烦琐的步骤。

（3）多态：是指派生类可以"改装"基类的同名方法，在派生类中重新定义同名方法进行改进，以实现新的功能。在派生类的新方法中还可以调用基类的同名函数。多态可以在不同的情况下用同一个方法名称来实现不同的效果。

考点探秘

▶ 考题 1

（真题·2020.04）下列选项中，用于定义"类"的关键字是（　　）。

A．global　　　　B．Global　　　　C．class　　　　D．Class

※ **核心考点**

考点 1：类的定义和创建

※ **思路分析**

本题考查对定义类的关键字的掌握情况。

※ **考题解答**

定义类需要用到关键字 class，故选 C。

▶ 考题 2

（真题·2020.04）执行下列程序，输出的结果是（　　）。

```python
class student:
    name = ''
    subject = ''
    score = 0
    def __init__(self, n, a, w):
        self.name = n
        self.subject = a
        self.score = w
    def speak(self):
        print("我%s考了%d分。" % (self.subject, self.score))
p = student('Jim', "语文", 100)
p.speak()
```

A．Jim 语文考了 100 分　　　　B．我 Jim 考了 100 分

C．Jim 考了 100 分　　　　　　D．我语文考了 100 分

※ 核心考点

考点 1：类的定义和创建

考点 2：创建类的成员并访问的方法

※ 思路分析

本题考查类的属性和方法，类变量和实例变量的区别，类的构造方法以及类的实例化过程。

※ 考题解答

观察主程序第 11 行代码，定义了 student 类的对象 p，利用构造函数，给属性赋值。对象 p 调用了函数 speak()，根据第 10 行代码，输出的是选项 D 。

➤ 考题 3

请阅读下面的程序，说法正确的选项是（   ）。

```
class parent(object):
    __name = '小明'
    def __init__(self,name):
        self.name = name
    def print__info(self):
        print(self.__name)
class child(parent):
    def __str__(self):
        return self.name


b = child('小虾')
print(b)
a = parent('小鱼')
a.print__info()
```

A．小明　小虾　　　　　B．小鱼　小虾

C．小虾　小鱼　　　　　D．小虾　小明

※ 核心考点

考点 3：类的封装

考点 4：类的继承

※ 思路分析

本题考查类的继承的概念，基类和派生类的区别，生成的对象调用的方法。同时考查了对私有变量的理解，需要辨析私有变量和实例变量。

※ 考题解答

题中，chlid 类继承自 parent 类，基类有私有变量 __name，初始为"小明"。在实例化时，chlid 类的 name 属性为"小虾"，patent 类的 name 属性为"小鱼"。输出名字时，parent 类调用函数 print__info() 进行输出，输出私有变量 __name。故选 D。

专题
7

巩固练习

1. 下列属于面向对象的三个基本特性的是（　　）。

    A．封装性、继承性、多样性

    B．继承性、多态性、封存性

    C．稳定性、继承性、多态性

    D．多态性、继承性、封装性

2. 执行下列程序，输出的结果是（　　）。

```
class Student(object):
    subject = '语文'
    def __init__(self):
        self.subject = '数学'
XiaoMing = Student()
Student.grade = 95
XiaoMing.rank = 5
print("科目：%s，成绩：%d，排名：%d。"
        %(Student.subject, Student.grade, XiaoMing.rank))
```

    A．科目：成绩：排名：。

    B．语文 99 1。

    C．科目：%s，成绩：%d，排名：%d。

    D．科目：语文，成绩：95，排名：5。

专题8

命名空间及作用域

　　张三和李四的学号是一样的，不过大家并不会把他们搞混，因为他们来自不同的学校。对于复杂的计算机程序来说，往往会出现成百上千的名称和变量，如何保证整个程序系统更加模块化、不出现重名现象呢？命名空间提供了解决方案。本专题，将一起学习 Python 的三种命名空间和四种作用域，了解全局变量和局部变量的不同。

考查方向

能力考评方向

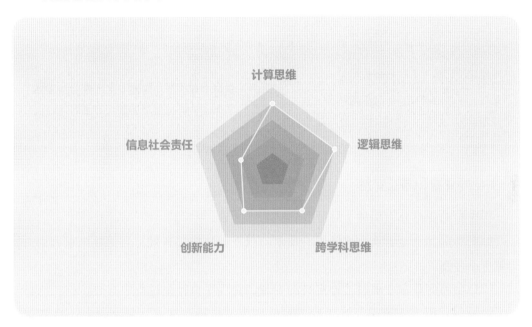

知识结构导图

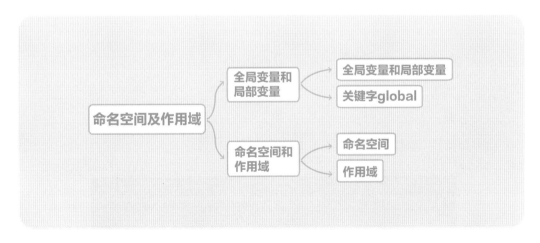

考点清单

考点 1　全局变量和局部变量

考点评估		考查要求
重要程度	★★★★☆	1. 理解全局变量和局部变量的定义和差异；
难度	★★☆☆☆	2. 掌握 global 关键字的使用方法
考查题型	选择题、操作题	

（一）全局变量和局部变量

程序中的变量分为两种：局部变量和全局变量。

（1）局部变量：函数内部使用的变量，仅在函数内部有效。当函数结束调用时，变量将不存在。

（2）全局变量：在函数之外定义的变量，在程序执行全过程中有效。

如示例代码 8-1 所示，当函数 func() 结束调用后，局部变量 x 已经不存在了，打印它的值，程序将报错。

示例代码 8-1

```
a = 1  #a 为全局变量
def func(m, n):  #m 和 n 为局部变量
    x = m + n  #x 为局部变量
    return x
test = func(1,2)
print(x)
```

运行程序后，输出结果如图 8-1 所示。

```
控制台
Traceback (most recent call last):
  File "C:\Users\admin\Desktop\test.py", line 6, in <module>
    print(x)
NameError: name 'x' is not defined
程序运行结束
```

图　8-1

函数内部的局部变量即使与全局变量同名，程序依然不会将局部变量视为全局变量。如示例代码 8-2 所示，调用函数 func() 后，局部变量 a 已经不存在，而全局变量 a 的值没有发生改变。

示例代码 8-2

```
a = 1  #a 为全局变量
def func(m, n):
    a = n  # 此处的 a 为新生成的局部变量
    return m + n
test = func(100,200)
print(a)
```

运行程序后，输出结果如图 8-2 所示。

控制台
1
程序运行结束

图　8-2

（二）关键字 global

如果希望函数内声明的局部变量作为全局变量，可使用关键字 global。如示例代码 8-3 所示，在函数内部声明变量 a 为全局变量后，结束调用后全局变量 a 的值发生了改变。

示例代码 8-3

```
a = 1
def func(m, n):
    global a  # 声明此处的 a 为全局变量
    a = m + n  # 改变 a 的值
    return m * n
test = func(100, 200)
print(a)
```

运行程序后，输出结果如图 8-3 所示。

注意：对于列表类型的数据，函数即使不采用 global 声明，也可直接使用"全局列表"。如示例代码 8-4 所示，全局列表变量 lt 在函数 func() 调用后发生了改变。

```
控制台

300
程序运行结束
```

图 8-3

示例代码 8-4

```
lt = []  #lt 为全局列表
def func(m, n):
    lt.append(m * n)
    return n
test = func('叮咚',2)
print(lt)
```

运行程序后，输出结果如图 8-4 所示。


```
控制台

['叮咚叮咚']
程序运行结束
```

图 8-4

如果函数内部存在一个用赋值形式创建的列表，那么函数操作将不会修改全局变量，如示例代码 8-5 所示。

示例代码 8-5

```
lt = []  # 此处的 lt 为全局列表变量
def func(m, n):
    lt = []  # 创建名为 lt 的局部列表变量
    lt.append(m * n)
    return n
test = func('叮咚',2)
print(lt)
```

运行程序后，输出结果如图 8-5 所示。

```
控制台

[]
程序运行结束
```

图 8-5

● 备考锦囊

Python 使用全局变量和局部变量遵循以下规则。

（1）简单数据类型的局部变量仅在函数内部创建和使用，函数结束调用后，局部变量不存在；

（2）简单数据类型的局部变量在使用关键字 global 声明后，作为全局变量使用；

（3）对于组合数据类型的全局变量（如列表），如果在函数内部没有被创建，则函数操作可修改全局变量的值；

（4）对于组合数据类型的全局变量，如果函数内部创建了同名的局部变量，函数仅改变局部变量的值。

 考点 2　命名空间和作用域

考点评估		考查要求
重要程度	★☆☆☆☆	1. 理解三种命名空间的概念及包含关系：内置名称、全局名称、局部名称；
难度	★★★☆☆	
考查题型	选择题	2. 理解四种作用域及其之间的关系：局部作用域、嵌套作用域、全局作用域、内置作用域

（一）命名空间

命名空间是名称到对象的对应关系，大部分的命名空间都是以字典（一种数据类型）实现的。例如，内置函数的一系列名字的集合就是一个命名空间，一个模块（如 turtle 模块）里的所有名称是一个命名空间，一个对象的属性集合也是一个命名空间。

不同的命名空间相互独立，彼此之间没有关系；同一个命名空间内不能出现重名现象，不同命名空间里重名却没有影响。因此，命名空间提供了一种避免名称冲突的方法。如图 8-6 所示，模块 A 和 模块 B 中均包含函数 sum()，在程序中同时使用这两个函数时，用 ModuleA.sum() 和 ModuleB.sum() 表示即可避免冲突。

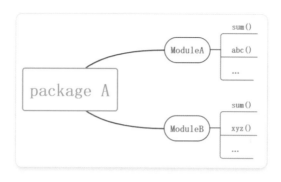

图　8-6

Python 中有以下三类命名空间。

（1）内置名称。此命名空间包括 Python 内置函数和内置异常名称，如 str、print、TypeError 等。

（2）全局名称。此命名空间包括在程序中使用的名称和各种导入模块的名称（如函数名、类名等），这个命名空间在程序创建时被创建，直到程序运行结束时终止。

（3）局部名称。此命名空间包含一个函数中定义的名称，包括函数的参数、局部变量名等。

Python 在查找某一名称时，按照"局部名称→全局名称→内置名称"的顺序进行。例如，查找变量 name 时，程序先在 Python 的自定义局部名称中寻找，如果自定义局部名称中没有再从导入的模块中寻找，最后查找内置名称。它们三者之间的关系如图 8-7 所示。

图　8-7

（二）作用域

作用域是 Python 程序的一个文本性区域，在这个区域内，命名空间可以直接被访问，也就是"非限定性"的引用会尝试在命名空间里查找名称。非限定性引用是指直接使用名称（如 name）访问对象的方式，它与属性引用（如 turtle.forward）有所不同。

程序的变量并不是在任何位置都可以访问，能否访问取决于这个变量是在哪里被赋值的。作用域决定了程序是否可以访问某个特定的变量名称。如示例代码 8-6 所示，局部变量 n 在第 5 行代码所在的作用域中无法被访问。

示例代码 8-6

```
def func(a):  # 函数内部为局部作用域
    n = a
    return n
t = func(' 滴答 ')
print(n)    # 程序最外层为全局作用域
```

运行程序后，输出结果如图 8-8 所示。

控制台

```
Traceback (most recent call last):
  File "C:\Users\admin\Desktop\test.py", line 5, in <module>
    print(n)   # 程序最外层为全局作用域
NameError: name 'n' is not defined
程序运行结束
```

图 8-8

Python 中共有四种作用域，它们分别如下。

（1）局部作用域（Local）。包含局部变量，是最内层作用域，如一个自定义函数的内部区域。

（2）嵌套作用域（Enclosing）。包含非全局变量，例如两个嵌套函数 func_a() 和 func_b()，函数 func_b() 嵌套在函数 func_a() 中，对于函数 func_b() 中的变量来说，函数 func_a() 的作用域即为嵌套作用域，如示例代码 8-7 所示。

（3）全局作用域（Global）。当前所运行程序的最外层包括该程序中导入的模块的全局变量。

（4）内置作用域（Built-in）。包含内置变量和关键字等。

示例代码 8-7

```
def func_a():
    a = 0   #a 为非全局变量
    def func_b():   # 嵌套在函数 func_a() 中
        pass
    return a
```

以上四种作用域的关系如图 8-9 所示。

专题 8

103

图 8-9

考点探秘

考题 1

（真题·2020.04）执行下列程序，输出的结果是（   ）。

```
total = 0
def sum(arg1, arg2):
    global total
    total = arg1 + arg2
    return total
print(sum(10, 20),total)
```

A. 0 0   B. 30 0   C. 30 30   D. 0 30

※ **核心考点**

考点 1：全局变量和局部变量

※ **思路分析**

本题考查关键字 global 的用法。

※ **考题解答**

在函数内部声明的变量为局部变量，使用关键字 global 可将局部变量作为全局变量使用，因此函数 sum() 中的变量 total 为全局变量，调用 sum(10, 20) 后全局变量 total 发生改变，故选 C。

※ 举一反三

执行下列程序，输出的结果是（　　　）。

```
n = 1
m = 0
def double(a, b):
    global m
    m = a * b
    n = b
    return m+n
result = double(10, 20)
print(m, n)
```

A．200 20　　　　B．0 20　　　　C．0 1　　　　D．200 1

考题 2

下列选项不属于 Python 命名空间（NameSpace）的是（　　　）。

A．内置名称　　　B．全局名称　　　C．局部名称　　　D．随机名称

※ 核心考点

考点 2：命名空间和作用域

※ 思路分析

本题考查命名空间的种类。

※ 考题解答

Python 中共有三种命名空间：内置名称、全局名称和局部名称，故选 D。

巩固练习

1．下列选项描述正确的是（　　　）。

　　A．Python 在查找某一名称时，按照"内置名称→全局名称→局部名称"的顺序进行

　　B．全局作用域是最外层的作用域

C．函数内部声明的变量就是全局变量

D．关键字 global 可将局部变量声明为全局变量使用

2．执行下列程序，输出的结果是（　　　）。

```
ls = []
lt = []
def knock(s):
    ls = []
    lt.append(s*2)
    ls.append(s*3)
    return s
ts = knock('D~')
print(lt, ls)
```

A．['D ~ D ~ '] ['D ~ D ~ ']　　　　　B．['D ~ D ~ '] [ ]

C．[ ] ['D ~ D ~ ']　　　　　D．程序报错

专题9

Python 第三方库的获取及使用

　　Python 中有很多第三方库，可以帮助快速实现强大功能，大大提高编程效率。使用第三方库可以分析古诗词、制作词云图、生成可执行文件，有了第三方库，程序就像被施了魔法。

考查方向

能力考评方向

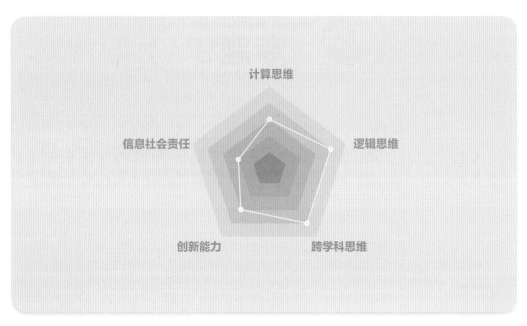

知识结构导图

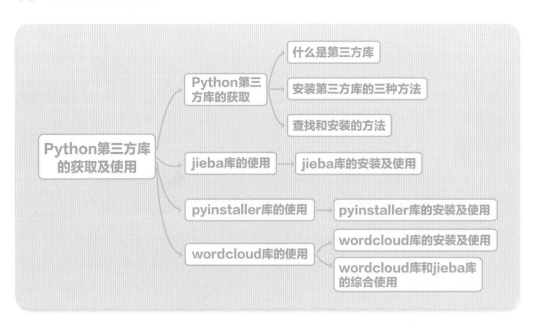

专题 9

考点 1　Python 第三方库的获取

考点评估		考查要求
重要程度	★★★☆☆	1. 理解什么是第三方库；
难度	★★☆☆☆	2. 了解 Python 第三方库的三种安装方法：pip 工具安装、自定义安装、文件安装；
考查题型	选择题	3. 掌握在 Python 开发环境中查找和安装第三方库的方法

（一）什么是第三方库

　　基于模块的概念，Python 库是具有相关功能模块的集合，帮助 Python 编程者轻松实现强大的功能。Python 库包括 Python 标准库和 Python 第三方库。Python 标准库是安装时自带的，而 Python 第三方库需要下载并安装，不同的第三方库安装及使用方法也有所不同。

（二）安装第三方库的三种方法

1．pip 工具安装

　　Windows 系统可搜索并打开计算机的命令提示符窗口（或通过关键词 cmd 快速检索），输入命令行：pip install + 库名，按 Enter 键，进行安装。若安装成功将会显示"Successfully installed + 库名"。

2．自定义安装

　　自定义安装是指按照第三方库提供的步骤和方式安装，第三方库都有用于维护库的代码和文档。自定义安装一般适用于 pip 中尚无登记或安装失败的第三方库。

3．文件安装

　　有些第三方库用 pip 命令可以下载，但无法安装，这是因为某些第三方库 pip 下载后需要编译再安装，即提供的是第三方库的源代码，而非可执行文件。这时需要按照下列步骤进行安装。

（1）搜索需要安装的第三方库；

（2）下载对应版本的文件；

（3）将下载好的文件放入库包文件夹内，一般是 Python 安装目录里 Lib 下的 site-packages，比如 C:\Python3.7\Lib\site-packages；

（4）在库包文件路径下使用命令：pip install+ 文件名，进行安装。

（三）查找和安装的方法

pip 工具安装是最常用且最高效的 Python 第三方库的安装方式。Python 3 版本建议使用专门的 pip3 命令安装。pip 是 Python 内置命令，需要在窗口执行。

想要查看某个库是否已经被安装，可以使用"pip search + 库名"在命令提示符窗口中搜索。使用"pip list"查看安装了哪些库，无论是系统自带的还是手动下载的都能一目了然。

执行 pip-h 命令将看到更多 pip 常用的子命令，如图 9-1 所示。

```
Commands:
  install                     Install packages.
  download                    Download packages.
  uninstall                   Uninstall packages.
  freeze                      Output installed packages in requirements format.
  list                        List installed packages.
  show                        Show information about installed packages.
  check                       Verify installed packages have compatible dependencies.
  config                      Manage local and global configuration.
  search                      Search PyPI for packages.
  cache                       Inspect and manage pip's wheel cache.
  wheel                       Build wheels from your requirements.
  hash                        Compute hashes of package archives.
  completion                  A helper command used for command completion.
  debug                       Show information useful for debugging.
  help                        Show help for commands.
```

图　9-1

下面是常用的 pip 子命令。

- pip install ——安装第三方库；
- pip uninstall ——卸载已安装的库；
- pip show——展示已安装的库的信息；
- pip download——下载第三方库，但不安装。

考点2 jieba库的使用

考点评估		考查要求
重要程度	★★★☆☆	掌握 jieba 库的安装及使用。
难度	★★★★☆	
考查题型	选择题、操作题	

jieba 库的安装及使用

使用海龟编辑器可以快速安装 jieba 库，在库管理中搜索 jieba，单击"安装"按钮，如图 9-2 所示。

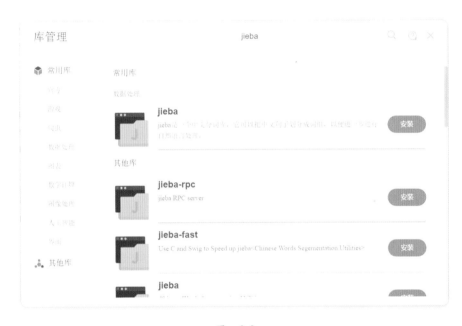

图 9-2

安装完成后，使用指令 import jieba 进行检查：若程序运行不出错，则说明已经安装成功。jieba 库是一个中文分词函数库，即将中文文本进行分词获得单个词语。jieba 库利用中文词库，分析汉字之间的关联概率，将概率大的组成词组，返回词组列表。

jieba 库提供以下三种分词模式。

（1）精确模式。函数 jieba.lcut()，能够将文本精确地切分开，切分结果不存在冗余单词，也就是说不存在重复词组。该函数接收字符串类型的参数，返回列表类型的分词结果。

专题
9

（2）全模式。jieba.lcut(s,cut_all=True)，把文本中所有可能的词组都找出来。该函数接收字符串类型的参数，返回列表类型的分词结果。

（3）搜索模式。jieba.lcut_for_search(s)，在精确模式的基础上，对长词再进行切分。该函数接收字符串类型的参数，返回列表类型的分词结果。

如示例代码 9-1 ～示例代码 9-3 所示，分析从《春江花月夜》中节选的这段诗词。

示例代码 9-1

```
import jieba
txt = '''春江潮水连海平海上明月共潮生
滟滟随波千万里何处春江无月明
江流宛转绕芳甸月照花林皆似霰
空里流霜不觉飞汀上白沙看不见
江天一色无纤尘皎皎空中孤月轮
江畔何人初见月江月何年初照人'''
wordsa = jieba.lcut(txt)
# 输出获得的分词词组数量
print('精确模式:', len(wordsa))
print(wordsa)
```

运行程序后，输出结果如图 9-3 所示。

```
控制台                                                    ✕
Building prefix dict from the default dictionary ...
Loading model from cache C:\Users\admin\AppData\Local\Temp\jieba.cache
Loading model cost 0.808 seconds.
Prefix dict has been built successfully.
精确模式:  48
['春江', '潮水', '连海平', '海上', '明月', '共潮生', '\n', '滟', '滟',
'随波', '千万里', '何处', '春江', '无月明', '\n', '江流', '宛转', '绕芳
甸', '月', '照花林', '皆', '似', '霰', '\n', '空里', '流霜', '不觉',
'飞汀', '上', '白沙', '看不见', '\n', '江天一色', '无', '纤尘', '皎
皎', '空中', '孤月轮', '\n', '江畔', '何人', '初见', '月', '江月何',
'年初', '照', '人']
程序运行结束
```

图　9-3

示例代码 9-2

```
import jieba
txt = '''春江潮水连海平海上明月共潮生
滟滟随波千万里何处春江无月明
```

江流宛转绕芳甸月照花林皆似霰

空里流霜不觉飞汀上白沙看不见

江天一色无纤尘皎皎空中孤月轮

江畔何人初见月江月何年初照人 '''

```
wordsb = jieba.lcut(txt, cut_all=True)
print(' 全模式 : ', len(wordsb))
print(wordsb)
```

运行程序后，输出结果如图 9-4 所示。

```
控制台                                              ✕
Building prefix dict from the default dictionary ...
Loading model from cache C:\Users\admin\AppData\Local\Temp\jieba.cache
Loading model cost 0.731 seconds.
Prefix dict has been built successfully.
全模式： 82
['春江', '江潮', '潮水', '连', '海', '平', '海上', '上明', '明月', '共
', '潮', '生', '', '\n', '', '滟', '滟', '随', '波', '千万', '千万里', '
万里', '何处', '春江', '无月', '明', '', '\n', '', '江流', '宛转', '绕
', '芳', '甸', '月', '照', '花', '林', '皆', '似', '霰', '', '\n', '', '
空', '里', '流', '霜', '不觉', '飞', '汀', '上', '白沙', '看不见', '不
见', '', '\n', '', '江天', '江天一色', '天一', '一色', '无', '纤尘', '
皎', '皎', '空中', '孤', '月', '轮', '', '\n', '', '江畔', '何人', '初
见', '月', '江', '月', '何年', '年初', '照人']
程序运行结束
```

图　9-4

示例代码 9-3

```
import jieba
txt = ''' 春江潮水连海平海上明月共潮生
滟滟随波千万里何处春江无月明
江流宛转绕芳甸月照花林皆似霰
空里流霜不觉飞汀上白沙看不见
江天一色无纤尘皎皎空中孤月轮
江畔何人初见月江月何年初照人 '''
wordsc = jieba.lcut_for_search(txt)
print(' 搜索模式 : ', len(wordsc))
print(wordsc)
```

运行程序后，输出结果如图 9-5 所示。

专题
9

113

```
控制台                                                    ✕
Building prefix dict from the default dictionary ...
Loading model from cache C:\Users\admin\AppData\Local\Temp\jieba.cache
Loading model cost 0.796 seconds.
Prefix dict has been built successfully.
搜索模式：55
['春江', '潮水', '连海平', '海上', '明月', '共潮生', '\n', '滟', '滟',
'随波', '千万', '万里', '千万里', '何处', '春江', '无月', '无月明', '\n
', '江流', '宛转', '绕芳甸', '月', '照花林', '皆', '似', '霰', '\n',
空里', '流霜', '不觉', '飞汀', '上', '白沙', '不见', '看不见', '\n',
江天', '天一', '一色', '江天一色', '无', '纤尘', '皎', '皎', '空中',
孤月轮', '\n', '江畔', '何人', '初见', '月', '江月何', '年初', '照',
人']
程序运行结束
```

图　9-5

考点 3 　pyinstaller 库的使用

考点评估		考查要求
重要程度	★★★☆☆	掌握 pyinstaller 库的安装及使用
难度	★★★★☆	
考查题型	选择题、操作题	

pyinstaller 库的安装及使用

　　pyinstaller 库可以将 Python 程序打包成可执行程序文件（格式后缀为 .exe），双击文件即可直接运行。

　　注意：需先在线安装 pyinstaller 第三方库：在命令提示符窗口输入 pip install pyinstaller，按 Enter 键，进行安装。

> **● 备考锦囊**
>
> 　　在命令提示符窗口安装第三方库前，需要在计算机中安装 Python 3 编辑器。访问 Python 官方网站（网址：https://www.python.org/downloads/），下载适合你的计算机的 Python 编辑器。

　　请编写一个简单的代码试验一下，如示例代码 9-4，命名为 "hi.py" 保存在一个新的空白文件夹内。

示例代码 9-4

```
import turtle as t

print('hello!')
t.circle(50)
t.done()
```

在 hi.py 所在的文件目录下的文件路径框内输入 cmd，如图 9-6 所示，按 Enter 键，弹出命令提示符窗口。

图　9-6

输入 pyinstaller-F hi.py。运行结束后，生成图 9-7 所示文件。

图　9-7

打开 dist 文件夹，会看到 hi.exe，双击运行程序，直接得到结果，如图 9-8 所示。

pyinstaller 第三方库工具的命令语法如下：pyinstaller + 选项 + py 格式的程序文件全名，常用的选项如表 9-1 所示，可以使用不同选项丰富生成的可执行程序。注意区分选项的大小写，同一字母的大小写选项可能对应不同的功能。

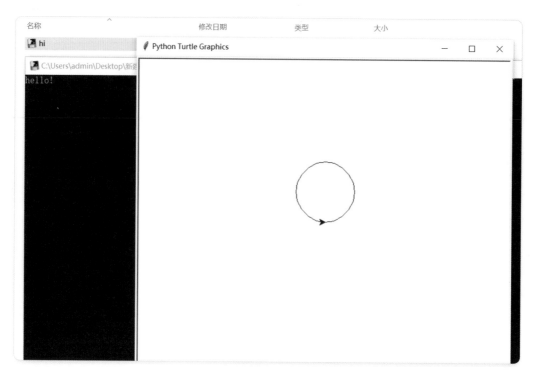

图　9-8

表　9-1

可选选项	功能说明	格式举例
-F 或 --onefile	在 dist 文件夹中只生成单个可执行文件，双击 .exe 文件可直接运行程序	pyinstaller --onefile hi.py
-D 或 --onedir	产生包含多个文件的 dist 目录，除了 .exe 文件外，还会在 dist 中生成很多依赖文件（推荐使用）	pyinstaller -D hi.py
-w	在 Windows 系统中，指定程序运行时，不显示命令行窗口	pyinstaller -w hi.py
-i	重新打包文件并指定打包程序使用的图标，需要指明图标文件 .ico 的路径	pyinstaller -i C:\Users\admin\Desktop\新建文件夹 \a.ico hi.py
--clean	清除打包过程中生成的临时文件，建议每次构建前使用该指令	pyinstaller --clean hi.py
-h 或 --help	查看 pyinstaller 库的帮助信息	pyinstaller -h

请使用命令提示符窗口把上述指令都试一试，记得要把之前生成的文件删除再尝试新的选项。还可以将上述可选选项组合使用，如示例代码 9-5 所示。

示例代码 9-5

```
pyinstaller -F -i C:\Users\admin\Desktop\py\a.ico  hi.py
```

使用 -i 选项需要先下载一个格式为 .ico 的图标文件，建议存储到 hi.py 所在文件夹中，命名为 a.ico。编写代码，给 .exe 格式的文件设置图标。程序运行后，输出结果如图 9-9 所示。

hi.exe

图　9-9

考点 4　wordcloud 库的使用

考 点 评 估		考 查 要 求
重要程度	★★★☆☆	1. 掌握 wordcloud 库的安装及使用；
难度	★★★★☆	2. 掌握 wordcloud 库和 jieba 库的综合使用
考查题型	选择题、操作题	

（一）wordcloud 库的安装及使用

　　wordcloud 库是一个词云展示的第三方库，能够以直观且艺术的方式对文本中出现频率较高的词语进行视觉化的展示。当我们手中有一份文档，想要快速了解文档的主要内容是什么时，可以采用绘制词云图的方式来展示高频词。图形化的展示方式，使浏览者可以快速获得文本的关键信息。获得词云图需要做以下准备。

　　（1）保存一份待分析的文本文档，格式为 .txt，如图 9-10 所示。

　　图 9-10 右下角的 UTF-8 是文本的编码格式。打开使用 UTF-8 编码的文件，需要向函数 open() 传递参数 encoding。设置 encoding 的值为 UTF-8，保证文本中的中文可以正常被读取。

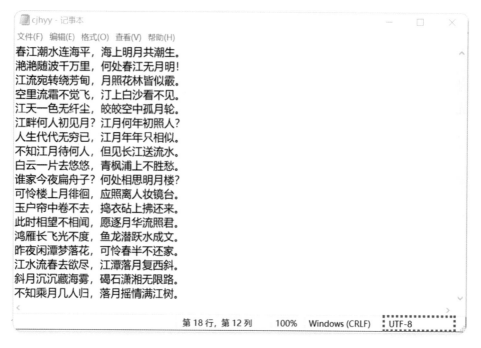

图　9-10

（2）安装第三方库：可在海龟编辑器中搜索安装 wordcloud 库，也可使用 pip 命令在命令提示符窗口进行安装。

（3）在 Python 编辑器中编写如示例代码 9-6 所示的代码，将程序文件和文本保存在同一个文件夹内。

示例代码 9-6

```
from wordcloud import WordCloud
# 打开并读取文本内容
f = open('cjhyy.txt', 'r', encoding='UTF-8')
text = f.read()
# 生成词云对象
wc = WordCloud(font_path='C:\WINDOWS\FONTS\MSYHL.TTC', width=800,
    height=600, background_color='white').generate(text)
# 保存到文件
wc.to_file('wordcloud.png')
```

观察程序第 6 行，函数 WordCloud() 中的参数含义如下。

（1）font_path：字体路径。Windows 系统的字体路径可在"字体设置"中查找，如图 9-11 和图 9-12 所示。

图　9-11

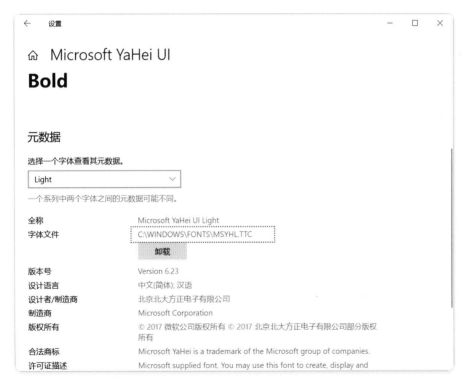

图　9-12

（2）width 和 height：表示词云图的宽和高，以像素为单位。

（3）background_color：背景颜色，默认值为 black——黑色。

程序运行后，输出的结果如图 9-13 所示。

图　9-13

（二）wordcloud 库和 jieba 库的综合使用

由图 9-13 可见，分出的词都是一句句古诗，为了让词语信息更突出，借助 jieba 库进行分词，再绘制词云图，如示例代码 9-7 所示。

示例代码 9-7

```python
from wordcloud import WordCloud
import jieba
# 打开文本
text = open('cjhyy.txt', 'r', encoding='UTF-8').read()
# 中文分词，函数 join() 用空格将列表项连接成字符串
text = ' '.join(jieba.lcut(text))
# 生成对象
wc = WordCloud(font_path='C:\WINDOWS\FONTS\MSYHL.TTC', width=800,
    height=600, background_color='white').generate(text)
```

```
# 保存到文件
wc.to_file('wordcloud2.png')
```

程序运行后，生成的词云图片如图 9-14 所示。

图　9-14

专题
9

考点探秘

> ## 考题 1

（真题·2020.04）Python 中能够用于安装第三方库的命令是（　　）。

A．help　　　　　　B．pip　　　　　　C．download　　　　　　D．show

※ 核心考点

考点 1：Python 第三方库的获取

※ 思路分析

本题主要考查安装第三方库的指令（关键字）。

※ **考题解答**

help 代表帮助，download 和 show 都是 pip 的子命令，download 代表下载，show 用于展示已安装的库，pip 命令可以安装第三方库，故选 B。

> ## 考题 2

（真题·2020.04）下列程序可以统计文本中由两个字组成的词语的数量，则①处应填写的内容是（　　）。

```
import jieba
txt = '''古人云："不为良相，便为良医。"泱泱中华，历史源远流长，行业繁多，唯相医并论。
白衣天使，多么高贵的称号。吾向往之！
行医之道，需德才兼备，不计得失，以拯救天下苍生为己任。'''
words = jieba.lcut(txt)
n = 0
for i in range(0,len(words)):
    if ___①___ :
        n += 1
print(n)
```

A．words[i] == 1   B．len(words[i]) == 1

C．words[i] == 2   D．len(words[i]) == 2

※ **核心考点**

考点 2：jieba 库的使用

※ **思路分析**

本题考查 jieba 库的使用方法，函数 len() 和如何利用循环计数等知识。

※ **考题解答**

根据前五行代码，知道 words 变量将保存分析的结果，是一个列表。第 7 行至第 9 行，利用循环只要满足条件，变量 n 数值就加 1。同时以词组列表的长度控制循环，显然是要遍历列表。题干中已指出统计文本中由两个字组成的词语，即当列表某项的长度等于 2 时，满足条件，故选 D。

> **考题 3**

下列关于第三方库的说法正确的是（　　　）。

A．使用 wordcloud 库可以生成词云图，图形化展示文本的关键信息

B．使用 pyinstaller 库可以生成词云图，图形化展示文本的关键信息

C．pyinstaller 库不能生成可直接运行的程序

D．wordcould 库如果不结合 jieba 库，就无法生成词云

※ **核心考点**

考点 2：jieba 库的使用

考点 3：pyinstaller 库的使用

考点 4：wordcloud 库的使用

※ **思路分析**

本题考查 jieba 库、pyinstaller 库和 wordcloud 库的作用及功能。

※ **考题解答**

wordcloud 库可以生成词云图，pyinstaller 库能生成可直接运行的程序，wordcould 库即使不结合 jieba 库进行分词也可以生成词云。故选 A。

巩固练习

1．pip 方法可以完成第三方库的下载、安装、卸载、查找和查看等操作。下列属于 pip 的子命令的是（　　　）。

　　A．installer　　　　B．import　　　　C．pyinstaller　　　　D．search

2．下列程序可以统计将文字内容进行分词后生成词云图，则第九行 ① 处应填写的内容是（　　　）。

```
import jieba
import wordcloud

txt ='''高楼大厦巍然屹立，是因为有坚强的支柱，
理想和信仰就是人生大厦的支柱；航船破浪前行，
是因为有指示方向的罗盘，理想和信仰就是人生航船的罗盘；
```

列车奔驰千里，是因为有引导它的铁轨，理想和信仰就是人生列车上的铁轨。'''
#jieba 库分词

> ①

生成词云对象
```
WC = wordcloud.WordCloud( font_ path= 'C: \WINDOWS\FONTS \MSYIIL.
    TTC',width=800,height=600,background_ color-'white' ).
        generate(words)
```

保存到文件
```
wc.to_file( 'wordcloud3.png')   # 生成 png 格式的图像
```

A．words = ''.join(jieba.lcut(txt))

B．words = jieba.lcut(txt)

C．words = jieba.lcut_for_search(txt)

D．txt = ''.join(jieba.lcut(words))

专题10

基本的 Python 标准库

　　Python 标准库非常庞大，所提供的组件从帮助解决日常编程中许多问题的模块到科学研究所用的计算模块，应用十分广泛。本专题，将学习处理随机选择问题的 random 库、解决时间问题的 time 库、绘制图形的 turtle 库和用于数学计算的 math 库。

考查方向

★ 能力考评方向

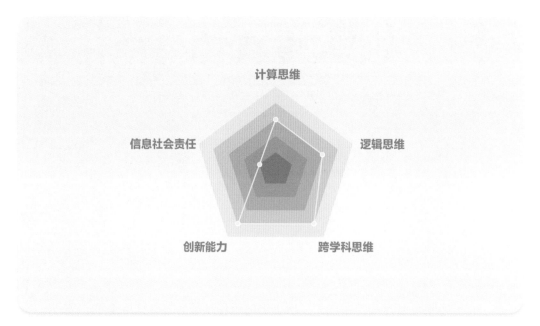

★ 知识结构导图

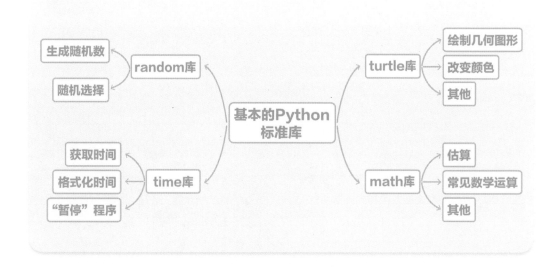

考点 1　random 库

考点评估		考查要求
重要程度	★★★★★	1．能够熟练使用 random 库；
难度	★★☆☆☆	2．能够利用 random 库解决实际问题
考查题型	选择题、操作题	

随机数应用于数学、游戏、安全等众多领域，Python 提供了实现各种分布的伪随机数生成器——random 库。

（一）生成随机数

函数 random() 生成一个在 [0,1) 区间内的小数（浮点数）n（0≤n<1）。如果要生成一个随机整数，可以使用函数 randint()——它接收两个整数参数 a、b，返回介于二者之间的随机整数 m（a≤m≤b），如示例代码 10-1 所示。

示例代码 10-1

```
import random
a = random.random()
b = random.randint(1,10)
print(a)
print(b)
```

运行程序后，输出参考结果如图 10-1 所示。

```
控制台
0.6099583398333437
8
程序运行结束
```

图　10-1

函数 randrange() 的作用,相当于从函数 range() 生成的数列里随机选出一个数字。它接收一个参数时,参数代表终止数,起始数默认为 0,步长默认为 1;接收两个参数时,代表起始数和终止数;接收三个参数时,分别为起始数、终止数和步长。如示例代码 10-2 所示。

示例代码 10-2

```
import random
a = random.randrange(10)   # 从 range(10) 中随机选择一个数
b = random.randrange(20, 30)   # 从 range(20, 30) 中随机选一个数
c = random.randrange(100, 150, 2)   # 从 range(100,150,2) 中随机选一个数
print(a, b, c)
```

运行程序后,输出参考结果如图 10-2 所示。

```
控制台

6 28 120
程序运行结束
```

图　10-2

（二）随机选择

随机从组合类型数据中选择数据是程序经常要实现的功能。random 库提供了从列表中随机选择数据元素的若干工具。

1．choice()

函数 choice() 接收一个序列类型的数据,随机返回其中的一个元素。常用来从列表、元组或者字符串中随机选择一个元素或者字符。如示例代码 10-3 所示。

示例代码 10-3

```
import random
a = 'Python'
b = ['牡丹', '芍药', '玉兰']
print(random.choice(a))
print(random.choice(b))
```

程序运行后,输出参考结果如图 10-3 所示。

```
控制台

h
玉兰
程序运行结束
```

图　10-3

2．sample()

函数 sample() 能够从序列（如列表、元组、字符串）或集合中随机抽取若干个元素，并以列表的形式返回数据。它接收两个参数：第一个参数表示待抽取的序列，第二个参数表示要抽取的元素个数。如示例代码 10-4 所示。

示例代码 10-4

```
import random
fruit = ['apple', 'pear', 'watermelon', 'banana']
s = '我爱中国。'
print(random.sample(fruit, 2))
print(random.sample(s,3))
```

程序运行后，输出参考结果如图 10-4 所示。

```
控制台

['pear', 'apple']
['爱', '国', '中']
程序运行结束
```

图　10-4

3．shuffle()

函数 shuffle() 能够将列表里的元素顺序打乱随机排列。它接收一个参数时，参数为待排列表。如示例代码 10-5 所示。

示例代码 10-5

```
import random
a = [1, 2, 3, 4, 5]
random.shuffle(a)
print(a)
```

运行程序后，输出结果如图 10-5 所示。

```
控制台
[1, 3, 2, 4, 5]
程序运行结束
```

图 10-5

考点 2   time 库

考点评估		考查要求
重要程度	★★★★★	1. 能够熟练使用 time 库；
难度	★★☆☆☆	2. 能够利用 time 库解决实际问题
考查题型	选择题、操作题	

Python 的内置标准库—— time 模块，提供了各种与时间相关的函数，导入 time 库，让程序能够"操纵"时间。

（一）获取时间

函数 time() 可以获得当前时间的时间戳。时间戳是指从 1970 年 01 月 01 日 00 时 00 分 00 秒起到当下时间经过的总秒数。如示例代码 10-6 所示。

示例代码 10-6

```
import time
now = time.time()
print(now)
```

程序运行后，输出参考结果如图 10-6 所示。

```
控制台
1592392911.7051973
程序运行结束
```

图 10-6

时间戳的阅读性不高，人们无法通过时间戳快速得出当前时间，使用函数 local

time() 可将它变为格式化的时间，该函数接收时间戳作为参数。如示例代码 10-7 所示。

示例代码 10-7

```
import time
now = time.time()
time_now = time.localtime(now)
print(time_now)
```

程序运行后，输出参考结果如图 10-7 所示。

```
控制台
time.struct_time(tm_year=2020, tm_mon=6, tm_mday=17, tm_hour=19, tm_min=24, tm_sec=24,
tm_wday=2, tm_yday=169, tm_isdst=0)
程序运行结束
```

图　10-7

tm_year 代表年份，tm_mon 代表月份，tm_day 代表日期，tm_hour 代表小时数，tm_min 代表分钟数，tim_sec 代表秒数，tm_wday 代表星期数（0 代表星期一，往后星期数依次递增），tm_yday 代表这是一年中的第几天，tm_isdst 代表是否为夏时令（0 代表不是，正数代表是，负数代表不清楚情况）。

● 备考锦囊

若不向函数 localtime() 传递时间戳参数，则默认使用函数 time() 获取的时间作为参数。

（二）格式化时间

经函数 localtime() 处理得到的时间，仍然不符合人们习惯的常见格式。将格式化的时间传递给函数 strftime()，可将这个时间按照指定的格式进行转变，返回的数据类型为字符串。函数 strftime() 接收两个参数，第一个参数为格式化字符串，第二个参数为函数 localtime() 返回的时间，如示例代码 10-8 所示。

示例代码 10-8

```
import time

time_now = time.localtime(time.time())
```

```
# 将函数 localtime() 得到的时间转变为格式化字符串
time = time.strftime('%Y-%m-%d %H:%M',time_now)
print(time)
```

运行程序后，输出参考结果如图 10-8 所示。

```
控制台

2020-06-18 10:47
程序运行结束
```

图　10-8

不同的字符指令在格式化字符串中代表不同的含义，如表 10-1 所示。

表　10-1

字 符 指 令	含　　义
%d	表示日期数，介于 01 ~ 31
%H	表示 24 小时制的小时数，介于 00 ~ 23
%I	表示 12 小时制的小时数，介于 01 ~ 12
%j	表示一年中的第几天，介于 001 ~ 366
%m	表示月份数，介于 01 ~ 12
%M	表示分钟数，介于 00 ~ 59
%p	AM 或 PM
%S	表示秒数，介于 00 ~ 61
%w	表示星期数，介于 0 ~ 6，0 表示星期日
%W	表示一年中的第几周，介于 00 ~ 53。星期一作为一周的第一天，在第一个星期一之前的所有时间被认为在第 0 周
%x	本地化的适当日期表示
%X	本地化的适当时间表示
%y	表示没有世纪的年份数，介于 00 ~ 99
%Y	表示带世纪的年份数

想要得到何种格式的时间，就可以设置什么样的格式化字符串。如示例代码 10-9 所示，用两种不同的格式表示同一时间。

示例代码 10-9

```
import time
```

```
time_now = time.localtime(time.time())
# 按照 "某年 - 某月 - 某日  某时 : 某分" 的格式
time1 = time.strftime('%Y/%m/%d %H:%M', time_now)
# 按照 "某月 | 某日  某星期" 的格式
time2 = time.strftime('%m|%d %w',time_now)
print(time1)
print(time2)
```

程序运行后，输出参考结果如图 10-9 所示。

控制台

2020/06/18 16:39
06|18 4
程序运行结束

图　10-9

（三）"暂停"程序

函数 sleep() 能够使程序在运行过程中"暂停"。在计算机中，程序运行一次被称为一个"线程"，sleep() 的作用便是将线程"挂起"，让它在指定的时间内暂停运行。函数 sleep() 接收一个数字类型的参数，表示暂停的秒数。如示例代码 10-10 所示。

示例代码 10-10

```
import time

print(" 程序正在获取时间……")
time.sleep(3)
time_now = time.time()
print(time_now)
```

程序运行后，输出参考结果如图 10-10 所示。

控制台

程序正在获取时间……
1592442474.3178282
程序运行结束

图　10-10

考点3　turtle 库

考 点 评 估		考 查 要 求
重要程度	★★★★★	
难度	★★★☆☆	能够熟练使用 turtle 库
考查题型	选择题、操作题	

（一）绘制几何图形

不需要构思角度与距离，turtle 库中有一些"工具"可以直接绘制几何图形。

1．dot()

函数 dot() 可以绘制圆点。传递一个数字参数时，参数代表圆点的直径；传递两个参数时，第二个参数应为代表颜色的字符串。如示例代码 10-11 所示。

示例代码 10-11

```
import turtle as t

t.dot(20)    # 绘制直径为 20 的圆点
t.forward(50)
t.dot(30,'red')   # 绘制直径为 30 的红色圆点
t.done()
```

程序运行后，输出结果如图 10-11 所示。

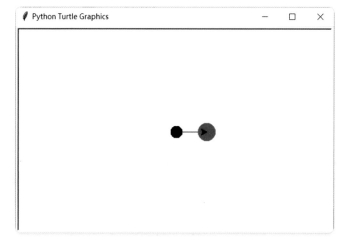

图　10-11

如果不传递任何参数，画笔将绘制默认直径的圆点：直径取画 pensize+4 和 2×pensize 中的较大值（pensize 为画笔粗细）。如示例代码 10-12 所示。

示例代码 10-12

```python
import turtle as t

for i in range(3):
    t.dot()
    t.left(120)
    t.forward(100)
t.done()
```

程序运行后，输出结果如图 10-12 所示。

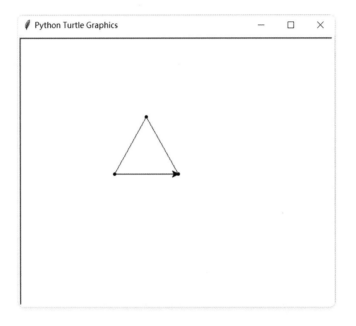

图　10-12

2．circle()

函数 circle() 不仅可以绘制指定大小的圆，还能够绘制正多边形和弧。当它接收一个数字类型参数时，函数 circle() 绘制半径大小为参数的圆，如示例代码 10-13 所示。

示例代码 10-13

```python
import turtle as t

for i in range(6):
```

```
    t.circle(50)    #绘制半径大小为 50 的圆
    t.left(60)
t.done()
```

运行程序后，输出结果如图 10-13 所示。

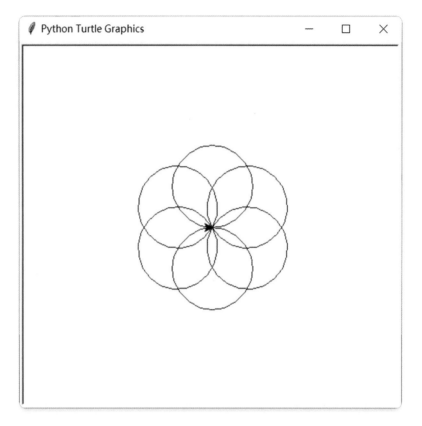

图　10-13

● **备考锦囊**

　　当传递给函数 circle() 的半径为正数时，画笔朝逆时针方向绘制圆弧，否则朝顺时针方向。

　　参数 extent 代表夹角度数，用来决定绘制圆的一部分。当传递 extent 参数时，函数 circle() 将绘制指定圆心角大小的弧。如示例代码 10-14 所示。

　　示例代码 10-14

```
import turtle as t
```

```
# 绘制半径为 50，圆心角为 180°的弧
t.circle(50,extent=180)
t.done()
```

程序运行后，输出结果如图 10-14 所示。

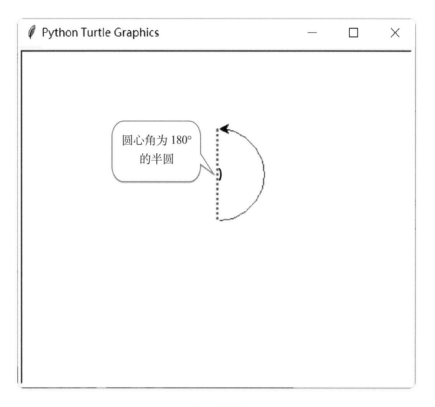

图　10-14

如果向函数 circle() 传递 steps 参数，它将绘制圆的内接正多边形，steps 代表正多边形的边数。如示例代码 10-15 所示。

示例代码 10-15

```
import turtle as t
# 绘制 3 个半径为 50 圆的内接正五边形
for i in range(3):
    t.circle(50,steps=5)
    t.left(120)
t.done()
```

程序运行后，输出结果如图 10-15 所示。

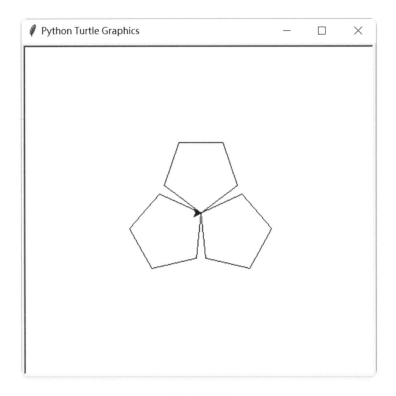

图　10-15

（二）改变颜色

除了画笔颜色可以更改外，背景颜色也可以更改，还可以给图形填充颜色。turtle 库中的颜色遵循 RGB 色彩体系，所有颜色均可由红、蓝、绿三种颜色构成，每一种颜色都有对应的 RGB 值。RGB 值由三个数值描述，它们分别代表红色（R）、绿色（G）、蓝色（B）的比例，每种颜色取值范围为 0 ～ 255 的整数或者 0 ～ 1 的小数，如图 10-16 所示。

颜色	颜色名	RGB值
	red	(255, 0, 0)或(1, 0, 0)
	green	(0, 255, 0)或(0, 1, 0)
	blue	(0, 0, 255)或(0, 0, 1)
	yellow	(255, 255, 0)或(1, 1, 0)
	salmon	(250, 128, 114)或(0.98, 0.5, 0.447)

图　10-16

专题 10

1．bgcolor()

函数 bgcolor() 可以设置画布背景颜色。它接收一个代表颜色的参数，可以是颜色字符串，或者是代表 RGB 值的元组。如果要使用整数值的 RGB 元组，需要调用函数 colormode() 将颜色模式设置为 255，否则程序将报错。如示例代码 10-16 ～示例代码 10-18 所示，有三种方法将画板颜色设置为黄色。

示例代码 10-16

```python
import turtle as t
# 方法一：使用颜色字符串
t.bgcolor('yellow')
t.done()
```

示例代码 10-17

```python
import turtle as t
# 方法二：使用 RGB 值（整数）
t.colormode(cmode = 255)
t.bgcolor((255, 255, 0))
t.done()
```

示例代码 10-18

```python
import turtle as t
# 方法三：使用 RGB 值（小数）
t.bgcolor((1, 1, 0))
t.done()
```

程序运行后，输出结果如图 10-17 所示。

图　10-17

2．fillcolor()

函数 fillcolor() 能够给绘制的图形上色。它接收一个代表颜色的参数，可以是颜色字符串，或者是代表 RGB 值的元组。不过要成功给图形填色，还需要调用函数 begin_fill() 和函数 end_fill() 设置填充颜色的起点和终点。如示例代码 10-19 所示。

示例代码 10-19

```python
import turtle as t

t.bgcolor('salmon')    #设置背景颜色
t.fillcolor('yellow')   #设置填充颜色
t.begin_fill()    #设置填色起点
for i in range(6):
    t.circle(50,steps = 4)
    t.right(60)
t.end_fill()    #设置填色终点
t.done()
```

运行程序后，输出结果如图 10-18 所示。

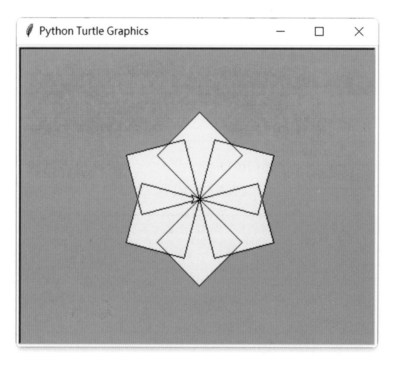

图　10-18

如果不设置填色的起点和终点，将无法成功填色。同时，调用函数的顺序也非常重要，应按照"设置填色起点→绘制图形→设置填色终点"的顺序进行。

（三）其他

1．setup()

函数 setup() 能够设置窗口的大小和位置。它可以接收四个参数设置，如表 10-2 所示。

表　10-2

参　数	作　　用
width	若为一个整型数值，则表示窗口宽度为多少像素；若为一个浮点数值，则表示屏幕的占比，默认为屏幕的 50%
height	若为一个整型数值，则表示窗口高度为多少像素；若为一个浮点数值，则表示屏幕的占比，默认为屏幕的 75%
startx	若为正值，则表示初始位置距离屏幕左边缘多少像素；若为负值，则表示距离右边缘多少像素；默认窗口水平居中
starty	若为正值，则表示初始位置距离屏幕上边缘多少像素；若为负值，则表示距离下边缘多少像素，默认窗口垂直居中

如示例代码 10-20 所示，设置窗口大小宽 500 像素、高 300 像素、距离左边缘和距离上边缘各 100 像素。

示例代码 10-20

```
import turtle as t

t.setup(width = 500, height = 300, startx = 100,starty = 100)
t.done()
```

程序运行后，输出结果如图 10-19 所示。

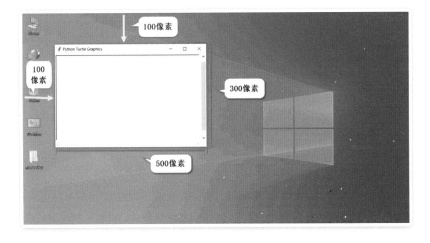

图　10-19

2．write()

函数 write() 被称为"文字印章"，它命令画笔在画板上书写文字信息。向它传递一个字符串参数时，将在画布上书写这个字符串；向它以元组的形式传递 font 参数，可以设置书写字体、大小和字型（正常（normal）、加粗（bold）、倾斜（italic））；向它传递参数 align，指定文字的对齐方式（左对齐（left）、居中（center）或右对齐（right））。如示例代码 10-21 和示例代码 10-22 所示。

示例代码 10-21

```
import turtle as t
# 字体为楷体，字号 20、加粗
t.write(' 爱我中华 ', font=(' 楷体 ', 50, 'bold'))
t.done()
```

程序运行后，输出结果如图 10-20 所示。

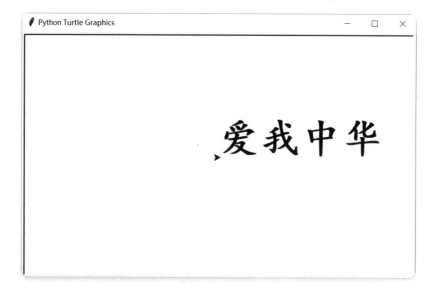

图　10-20

示例代码 10-22

```
import turtle as t


t.setup(width = 600, height =300)
# 字体为 Arial，字号 50，居中对齐
t.write('China', font=('Arial', 50), align='center')
t.done()
```

程序运行后，输出结果如图 10-21 所示。

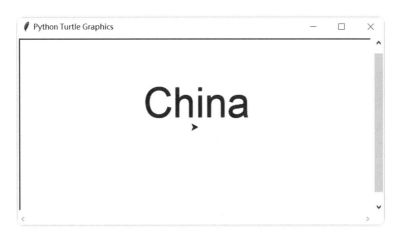

图　　10-21

● 备考锦囊

　　如果向函数 write() 传递参数 move，当 move 值为 True 时，画笔会移动到文本的右下角，move 值默认为 False。

考点4　math 库

考点评估		考查要求
重要程度	★★★★★	1. 能够熟练使用 math 库； 2. 能够利用 math 库解决实际问题
难度	★★★☆☆	
考查题型	选择题、操作题	

　　数学可谓"科学之本"，如果 Python 中没有数字处理工具，那么就不能成为当今使用广泛的程序设计语言之一。Python 的内置标准库——math 库中提供了数字处理最基础的工具。

（一）估算

　　解决估算问题，可不止内置函数 round()。在很多情况下，我们需要根据实际情况向上估算或者向下估算。

1．ceil()

math 库的函数 ceil() 可以对小数进行向上取整，它接收一个数字类型的参数，返回不小于参数的最小整数，如示例代码 10-23 所示。

示例代码 10-23

```
import math


s = 3.14
print(math.ceil(s))
```

程序运行后，输出结果如图 10-22 所示。

```
控制台

4
程序运行结束
```

图　10-22

2．floor()

函数 floor() 可以对小数向下取整，它接收一个数字类型的参数，返回不大于参数的最大整数，如示例代码 10-24 所示。

示例代码 10-24

```
import math


s = 3.14
print(math.floor(s))
```

程序运行后，输出结果如图 10-23 所示。

```
控制台

3
程序运行结束
```

图　10-23

（二）常见数学运算

1．fabs()

函数 fabs() 接收一个数字类型的参数，返回该数的绝对值，如示例代码 10-25 所示。

示例代码 10-25

```
import math

print(math.fabs(-1.1))
print(math.fabs(3.5))
print(math.fabs(-5))
```

运行程序后，输出结果如图 10-24 所示。

```
控制台
1.1
3.5
5.0
程序运行结束
```

图　10-24

2．pow()

函数 pow() 接收两个数字类型的参数，返回幂运算结果，例如依次传递参数 x、y，pow(x, y) 将返回 x 的 y 次幂，如示例代码 10-26 所示。

示例代码 10-26

```
import math

print(math.pow(2, 3))
print(math.pow(2.5, 2))
print(math.pow(-4, -3))
```

程序运行后，输入结果如图 10-25 所示。

```
控制台
8.0
6.25
-0.015625
程序运行结束
```

图　10-25

3．factorial()

函数 factorial() 接收一个整数型数字参数 n，返回 n 的阶乘，如示例代码 10-27 所示。

示例代码 10-27

```
import math

print(math.factorial(4))
print(math.factorial(5))
```

程序运行后，输出结果如图 10-26 所示。

控制台
24
120
程序运行结束

图　10-26

4．sqrt()

函数 sqrt() 接收一个正数参数，返回这个参数的平方根，如示例代码 10-28 所示。

示例代码 10-28

```
import math

print(math.sqrt(4))
print(math.sqrt(625))
```

程序运行后，输出结果如图 10-27 所示。

控制台
2.0
25.0
程序运行结束

图　10-27

5．gcd()

函数 gcd() 接收两个整型数参数，返回这两个数的最大公约数。假设传递两个参数 a 和 b，如果 a 或 b 之一非零，则返回值是能同时整除 a 和 b 的最大正整数。

gcd(0, 0) 返回 0，如示例代码 10-29 所示。

示例代码 10-29

```python
import math

print(math.gcd(25,15))
print(math.gcd(0,0))
```

程序运行后，输出结果如图 10-28 所示。

图　10-28

（三）其他

除了各种计算函数，math 库也提供了一些数学中常见的常量，如圆周率 π——调用 math.pi 即可获得，如示例代码 10-30 所示。

示例代码 10-30

```python
import math

pi = math.pi
print(pi)
```

程序运行后，输出结果如图 10-29 所示。

图　10-29

角度和弧度都是表示夹角大小的单位，math 库也提供角度转换工具，如表 10-3 和示例代码 10-31 所示。

表 10-3

方　　法	作　　用
radians(x)	将角度 x 从度数转换为弧度
degrees(x)	将角度 x 从弧度转换为度数

示例代码 10-31

```
import math

a = 180
b = math.pi
print(math.radians(a))
print(math.degrees(b))
```

程序运行后，输出结果如图 10-30 所示。

```
控制台
3.141592653589793
180.0
程序运行结束
```

图　10-30

考点探秘

> ## 考题 I

假设当前时间为：2020 年 4 月 3 日 18 时 30 分 29 秒。则执行下列程序，输出的结果是（　　）。

```
import time
a = time.strftime("%Y-%m-%d %H:%M:%S",time.localtime())
print(a)
```

A．2020-04-03 18:30:29

B．2020 年 4 月 3 日 18 时 30 分 29 秒

C．2020-04-04/03/20 18:30:29

D．1585908622.1234481

※ **核心考点**

考点 2：time 库

※ **思路分析**

本题主要考查 time 库中函数 strftime() 和函数 localtime() 的用法。

※ **考题解答**

当不向函数 localtime() 传递参数时，默认使用函数 time() 获取的当前时间的时间戳作为参数。函数 strftime() 可以输出制定格式的时间字符串；在它的格式化字符串中，%Y 代表带世纪的年份、%m 代表月份、%d 代表日期、%H 代表 24 小时制的小时数、%M 代表分钟数、%S 代表秒数。故选 A。

※ **举一反三**

1．假设当前时间为：2020 年 9 月 15 日星期二 13 时 20 分 30 秒。执行下列程序，输出的结果是（　　　）。

```
import time

a = time.strftime("%m/%d/%y %w %H:%M", time.localtime())
print(a)
```

A．2020-09-15 13:20:30　　　　B．09/15/20 2 13:20

C．20/09/15 2 13:20　　　　　　D．09/15/2020 2 13:20:30

> **考题 2**

运行下列代码，输入：5，则输出结果可能是（　　　）。

```
import random
a = int(input("输入一个整数:"))
b = "我爱我的国，向这个时代最敬爱的防疫战士致敬！"
str1 = ""
for i in range(0,a):
    str1 += random.choice(b)
```

```
print(str1)
```

A．我爱战士　　B．我时最！！　　C．的疫国敬个！　　D．我我 @ 敬我

※ **核心考点**

考点 1：random 库

※ **思路分析**

本题主要考查 random 库中函数 choice() 的用法。

※ **考题解答**

输入 5 后，for 循环中的代码执行五次：从变量 b 指向的字符串中随机选择 1 个字符，并把这个字符与保存在 str1 中的字符串连接起来。选项 A 和 C 的字符数量不正确，错误；选项 D 中存在不是变量 b 的字符，错误；故选 B。

※ **举一反三**

2．执行下列程序，输出的结果可能是（　　　）。

```
import random

lst = []
for i in range(4):
    a = random.randrange(0, 50, 5)
    lst.append(a)
print(lst)
```

A．[5, 10, 15, 20, 25]　　　　　　B．[10, 24, 40, 39]

C．[20, 25, 45, 30]　　　　　　　D．[0, 20, 30]

巩固练习

1．下面描述正确的是（　　　）。

A．random.random(a, b) 可以随机生成介于 a 和 b 之间的整数

B．time.time() 可以获取当前时间，并以计算机的本地时间形式表示

C．math.fabs() 可以获取两个数的最大公约数

D．以上说法都不正确

2．能画出下面图案的选项是（　　　）。

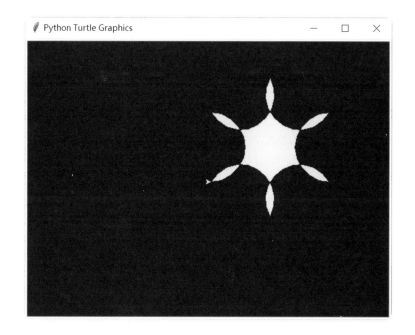

A.

```
import turtle as t

t.bgcolor('black')
t.fillcolor('yellow')
t.end_fill()
for i in range(6):
    t.circle(50,extent = 180)
    t.left(120)
t.begin_fill()
t.done()
```

B.

```
import turtle as t

t.bgcolor('black')
for i in range(6):
    t.circle(50,extent = 180)
    t.left(120)
```

```
t.fillcolor('yellow')
t.begin_fill()
t.end_fill()
t.done()
```

C.

```
import turtle as t

t.bgcolor('black')
t.fillcolor('yellow')
t.begin_fill()
for i in range(6):
    t.circle(50,extent = 180)
    t.left(120)
t.end_fill()
t.done()
```

D.

```
import turtle as t

t.begin_fill()
for i in range(6):
    t.circle(50,extent = 180)
    t.left(120)
t.end_fill()
t.done()
```

附 录

附录A
青少年编程能力等级标准：第2部分

1 范围

本标准规定了青少年编程能力等级，本部分为本标准的第2部分。

本部分规定了青少年编程能力等级（Python 编程）及其相关能力要求，并根据等级设定及能力要求给出了测评方法。

本标准适用于各级各类教育、考试、出版等机构开展以青少年编程能力教学、培训及考核为内容的业务活动。

2 规范性引用文件

文件《信息技术　学习、教育　培训测试试题信息模型》（GB/T 29802—2013）对于本文件应用必不可少。凡是注日期的引用文件，仅注日期的版本适用于本文件；凡是不注日期的引用文件，其最新版本（包括所有的修改单）适用于本文件。

3 术语和定义

3.1 Python 语言

由 Guido van Rossum 创造的通用、脚本编程语言，本部分采用 3.5 及之后的 Python 语言版本，不限定具体版本号。

3.2 青少年

年龄在 10 岁到 18 岁，此"青少年"约定仅适用于本部分。

3.3 青少年编程能力 Python 语言

"青少年编程能力等级第 2 部分：Python 编程"的简称。

3.4 程序

由 Python 语言构成并能够由计算机执行的程序代码。

3.5 语法

Python 语言所规定的、符合其语言规范的元素和结构。

3.6　语句式程序

由 Python 语句构成的程序代码，以不包含函数、类、模块等语法元素为特征。

3.7　模块式程序

由 Python 语句、函数、类、模块等元素构成的程序代码，以包含 Python 函数或类或模块的定义和使用为特征。

3.8　IDLE

Python 语言官方网站（https://www.python.org）所提供的简易 Python 编辑器和运行调试环境。

3.9　了解

对知识、概念或操作有基本的认知，能够记忆和复述所学的知识，能够区分不同概念之间的差别或者复现相关的操作。

3.10　理解

与了解（3.9 节）含义相同，此"理解"约定仅适用于本部分。

3.11　掌握

能够理解事物背后的机制和原理，能够把所学的知识和技能正确地迁移到类似的场景中，以解决类似的问题。

4　青少年编程能力 Python 语言概述

本部分面向青少年计算思维和逻辑思维培养而设计，以编程能力为核心培养目标，语法限于 Python 语言。本部分所定义的编程能力划分为四个等级。每个等级分别规定相应的能力目标、学业适应性要求、核心知识点及所对应的能力要求。依据本部分进行的编程能力培训、测试和认证，均应采用 Python 语言。

4.1　总体设计原则

青少年编程等级 Python 语言面向青少年设计，区别于专业技能培养，采用如下四个基本设计原则。

（1）基本能力原则：以基本编程能力为目标，不涉及精深的专业知识，不以培养专业能力为导向，适当增加计算机学科背景内容。

（2）心理适应原则：参考发展心理学的基本理念，以儿童认知的形式运算阶段为主要对应期，符合青少年身心发展的连续性、阶段性及整体性规律。

（3）学业适应原则：基本适应青少年学业知识体系，与数学、语文、外语等科目衔接，不引入大学层次课程内容体系。

（4）法律适应原则：符合《中华人民共和国未成年人保护法》的规定，尊重、关心、爱护未成年人。

4.2 能力等级总体描述

青少年编程能力 Python 语言共包括四个等级，以编程思维能力为依据进行划分，等级名称、能力目标和等级划分说明如表 A-1 所示。

表 A-1

等 级 名 称	能 力 目 标	等级划分说明
Python 一级	基本编程思维	具备以编程逻辑为目标的基本编程能力
Python 二级	模块编程思维	具备以函数、模块和类等形式抽象为目标的基本编程能力
Python 三级	基本数据思维	具备以数据理解、表达和简单运算为目标的基本编程能力
Python 四级	基本算法思维	具备以常见、常用且典型算法为目标的基本编程能力

补充说明："Python 一级"包括对函数和模块的使用。例如，对标准函数和标准库的使用，但不包括函数和模块的定义。"Python 二级"包括对函数和模块的定义。

青少年编程能力 Python 语言各级别代码量要求说明如表 A-2 所示。

表 A-2

等 级 名 称	代码量要求说明
Python 一级	能够编写不少于 20 行的 Python 程序
Python 二级	能够编写不少于 50 行的 Python 程序
Python 三级	能够编写不少于 100 行的 Python 程序
Python 四级	能够编写不少于 100 行的 Python 程序，掌握 10 类算法

补充说明：这里的代码量是指为解决特定计算问题而编写单一程序的行数。各级别代码量要求建立在对应级别知识点内容的基础上。代码量作为能力达成度的必要但非充分条件。

5 "Python 一级"的详细说明

5.1 能力目标及适用性要求

"Python 一级"以基本编程思维为能力目标，具体包括如下四个方面。

（1）基本阅读能力：能够阅读简单的语句式程序，了解程序运行过程，预测程序运行结果。

（2）基本编程能力：能够编写简单的语句式程序，正确运行程序。

（3）基本应用能力：能够采用语句式程序解决简单的应用问题。

（4）基本工具能力：能够使用 IDLE 等展示 Python 代码的编程工具完成程序的编写和运行。

"Python 一级"与青少年学业存在如下适用性要求。

（1）阅读能力要求：认识汉字并能阅读简单的中文内容，熟练识别英文字母、了解并记忆少量的英文单词，识别时间的简单表示。

（2）算术能力要求：掌握自然数和小数的概念及四则运算，理解基本推理逻辑，了解角度、简单图形等基本几何概念。

（3）操作能力要求：熟练操作无键盘平板电脑或有键盘普通计算机，基本掌握鼠标的使用。

5.2　核心知识点说明

"Python 一级"包含 12 个核心知识点，如表 A-3 所示，知识点排序不分先后。

表　A-3

编号	知识点名称	知识点说明	能 力 要 求
1	程序基本编写方法	以 IPO 为主的程序编写方法	掌握"输入、处理、输出"程序的编写方法，能够辨识各环节，具备理解程序的基本能力
2	Python 基本语法元素	缩进、注释、变量、命名和保留字等基本语法	掌握并熟练使用基本语法元素编写简单程序，具备利用基本语法元素进行问题表达的能力
3	数字类型	整数类型、浮点数类型、布尔类型及其相关操作	掌握并熟练编写带有数字类型的程序，具备解决数字运算基本问题的能力
4	字符串类型	字符串类型及其相关操作	掌握并熟练编写带有字符串类型的程序，具备解决字符串处理基本问题的能力
5	列表类型	列表类型及其相关操作	掌握并熟练编写带有列表类型的程序，具备解决一组数据处理基本问题的能力
6	类型转换	数字类型、字符串类型、列表类型之间的转换操作	理解类型的概念及类型转换的方法，具备表达程序类型与用户数据间对应关系的能力
7	分支结构	if、if…else、if…elif…else 等构成的分支结构	掌握并熟练编写带有分支结构的程序，具备利用分支结构解决实际问题的能力
8	循环结构	for、while、continue 和 break 等构成的循环结构	掌握并熟练编写带有循环结构的程序，具备利用循环结构解决实际问题的能力

续表

编号	知识点名称	知识点说明	能力要求
9	异常处理	try...except 构成的异常处理方法	掌握并熟练编写带有异常处理能力的程序，具备解决程序基本异常问题的能力
10	函数使用及标准函数 A	函数使用方法，10 个左右 Python 标准函数（见资料性附录）	掌握并熟练使用基本输入 / 输出和简单运算为主的标准函数，具备运用基本标准函数的能力
11	Python 标准库入门	基本的 turtle 库功能，基本的程序绘图方法	掌握并熟练使用 turtle 库的主要功能，具备通过程序绘制图形的基本能力
12	Python 开发环境使用	Python 开发环境使用，不限于 IDLE	熟练使用某一种 Python 开发环境，具备使用 Python 开发环境编写程序的能力

5.3 核心知识点能力要求

"Python 一级"12 个核心知识点对应的能力要求如表 A-3 所示。

5.4 标准符合性规定

"Python 一级"的符合性评测需要包含对"Python 一级"各知识点的评测，知识点宏观覆盖度要达到 100%。

根据标准符合性评测的具体情况，给出基本符合、符合、深度符合三种认定结论。基本符合是指每个知识点提供不少于 5 个具体知识内容；符合是指每个知识点提供不少于 8 个具体知识内容；深度符合是指每个知识点提供不少于 12 个具体知识内容。具体知识内容要与知识点实质相关。

用于交换和共享的青少年编程能力等级测试及试题应符合《信息技术 学习、教育和培训 测试试题信息模型》（GB/T 29802—2013）的规定。

5.5 能力测试要求

与"Python 一级"相关的能力测试在标准符合性规定的基础上应明确考试形式和考试环境，考试要求如表 A-4 所示。

表 A-4

内 容	描 述
考试形式	理论考试与编程相结合
考试环境	支持 Python 程序的编写和运行环境，不限于单机版或 Web 网络版
考试内容	满足标准符合性规定（5.4 节）

附录

6 "Python 二级"的详细说明

6.1 能力目标及适用性要求

"Python 二级"以模块编程思维为能力目标，具体包括如下四个方面。

（1）基本阅读能力：能够阅读模块式程序，了解程序运行过程，预测程序运行结果。

（2）基本编程能力：能够编写简单的模块式程序，正确运行程序。

（3）基本应用能力：能够采用模块式程序解决简单的应用问题。

（4）基本调试能力：能够了解程序可能产生错误的情况，理解基本调试信息并完成简单的程序调试。

"Python 二级"与青少年学业存在如下适用性要求。

（1）已具备能力要求：具备"Python 一级"所描述的适用性要求。

（2）数学能力要求：了解以简单方程为内容的代数知识，了解随机数的概念。

（3）操作能力要求：熟练操作计算机，熟练使用鼠标和键盘。

6.2 核心知识点说明

"Python 二级"包含 12 个核心知识点，如表 A-5 所示，知识点排序不分先后。其中，名称中标注"（基本）"的知识点表明该知识点相比专业说法仅做基础性要求。

表　A-5

编号	知识点名称	知识点说明	能 力 要 求
1	模块化编程	以代码复用、程序抽象、自顶向下设计为主要内容	理解程序的抽象、结构及自顶向下设计方法，具备利用模块化编程思想分析实际问题的能力
2	函数	函数的定义、调用及使用	掌握并熟练编写带有自定义函数和函数递归调用的程序，具备解决简单代码复用问题的能力
3	递归及算法	递归的定义及使用、算法的概念	掌握并熟练编写带有递归的程序，了解算法的概念，具备解决简单迭代计算问题的能力
4	文件	基本的文件操作方法	掌握并熟练编写处理文件的程序，具备解决数据文件读写问题的能力
5	（基本）模块	Python 模块的基本概念及使用	理解并构建模块，具备解决程序模块之间调用问题及扩展规模的能力
6	（基本）类	面向对象及 Python 类的简单概念	理解面向对象的简单概念，具备阅读面向对象代码的能力

续表

编号	知识点名称	知识点说明	能 力 要 求
7	(基本)包	Python 包的概念及使用	理解并构建包,具备解决多文件程序组织及扩展规模问题的能力
8	命名空间及作用域	变量命名空间及作用域,全局和局部变量	熟练并准确理解语法元素作用域及程序功能边界,具备界定变量作用范围的能力
9	Python 第三方库的获取	根据特定功能查找并安装第三方库	基本掌握 Python 第三方库的查找和安装方法,具备搜索扩展编程功能的能力
10	Python 第三方库的使用	jieba 库、pyinstaller 库、wordcloud 库等第三方库	基本掌握 Python 第三方库的使用方法,理解第三方库的多样性,具备扩展程序功能的基本能力
11	标准函数 B	5 个标准函数(见资料性附录)及查询使用其他函数	掌握并熟练使用常用的标准函数,具备查询并使用其他标准函数的能力
12	基本的 Python 标准库	random 库、time 库、math 库等标准库	掌握并熟练使用 3 个 Python 标准库,具备利用标准库解决问题的简单能力

6.3　核心知识点能力要求

"Python 二级"12 个核心知识点对应的能力要求如表 A-5 所示。

6.4　标准符合性规定

"Python 二级"的符合性评测需要包含对"Python 二级"各知识点的评测,知识点宏观覆盖度要达到 100%。

根据标准符合性评测的具体情况,给出基本符合、符合、深度符合三种认定结论。基本符合是指每个知识点提供不少于 5 个具体知识内容;符合是指每个知识点提供不少于 8 个具体知识内容;深度符合是指每个知识点提供不少于 12 个具体知识内容。具体知识内容要与知识点实质相关。

用于交换和共享的青少年编程能力等级测试及试题应符合《信息技术　学习、教育和培训　测试试题信息模型》(GB/T 29802—2013)的规定。

6.5　能力测试要求

与"Python 二级"相关的能力测试在标准符合性规定的基础上应明确考试形式和考试环境,考试要求如表 A-6 所示。

附录

表　A-6

内　　容	描　　述
考试形式	理论考试与编程相结合
考试环境	支持 Python 程序运行环境，支持文件读写，不限于单机版或 Web 网络版
考试内容	满足标准符合性规定（6.4 节）

7　"Python 三级"的详细说明

7.1　能力目标及适用性要求

"Python 三级"以基本数据思维为能力目标，具体包括如下四个方面。

（1）基本阅读能力：能够阅读具有数据读写、清洗和处理功能的简单 Python 程序，了解程序运行过程，预测程序运行结果。

（2）基本编程能力：能够编写具有数据读写、清洗和处理功能的简单 Python 程序，正确运行程序。

（3）基本应用能力：能够采用 Python 程序解决具有数据读写、清洗和处理的简单应用问题。

（4）数据表达能力：能够采用 Python 语言对各类型数据进行正确的程序表达。

"Python 三级"与青少年学业存在如下适用性要求。

（1）已具备能力要求：具备"Python 二级"所描述的适用性要求。

（2）数学能力要求：掌握集合、数列等基本数学概念。

（3）信息能力要求：掌握位、字节、Unicode 编码等基本信息概念。

7.2　核心知识点说明

"Python 三级"包含 12 个核心知识点，如表 A-7 所示，知识点排序不分先后。其中，名称中标注"（基本）"的知识点表明该知识点相比专业说法仅做基础性要求。

表　A-7

编号	知识点名称	知识点说明	能　力　要　求
1	序列与元组类型	序列类型、元组类型及其使用	掌握并熟练编写带有元组的程序，具备解决有序数据组的处理问题的能力
2	集合类型	集合类型及其使用	掌握并熟练编写带有集合的程序，具备解决无序数据组的处理问题的能力
3	字典类型	字典类型的定义及基本使用	掌握并熟练编写带有字典类型的程序，具备处理键值对数据的能力

编号	知识点名称	知识点说明	能 力 要 求
4	数据维度	数据的维度及数据基本理解	理解并辨别数据维度，具备分析实际问题中数据维度的能力
5	一维数据处理	一维数据表示、读写、存储方法	掌握并熟练编写使用一维数据的程序，具备解决一维数据处理问题的能力
6	二维数据处理	二维数据表示、读写、存储方法及 CSV 格式的读写	掌握并熟练编写使用二维数据的程序，具备解决二维数据处理问题的能力
7	高维数据处理	高维数据表示、读写方法	基本掌握编写使用 JSON 格式数据的程序，具备解决数据交换问题的能力
8	文本处理	文本查找、匹配等基本方法	基本掌握编写文本处理的程序，具备解决基本文本查找和匹配问题的能力
9	数据爬取	页面级数据爬取方法	基本掌握网络爬虫程序的基本编写方法，具备解决基本数据获取问题的能力
10	（基本）向量数据	向量数据理解及多维向量数据表达	掌握向量数据的基本表达及处理方法，具备解决向量数据计算问题的基本能力
11	（基本）图像数据	图像数据的理解及基本图像数据的处理方法	掌握图像数据的基本处理方法，具备解决图像数据问题的能力
12	（基本）HTML 数据	HTML 数据格式理解及 HTML 数据的基本处理方法	掌握 HTML 数据的基本处理方法，具备解决网页数据问题的能力

7.3　核心知识点能力要求

"Python 三级"12 个核心知识点对应的能力要求如表 A-7 所示。

7.4　标准符合性规定

"Python 三级"的符合性评测需要包含对"Python 三级"各知识点的评测，知识点宏观覆盖度要达到 100%。

根据标准符合性评测的具体情况，给出基本符合、符合、深度符合三种认定结论。基本符合是指每个知识点提供不少于 5 个具体知识内容；符合是指每个知识点提供不少于 8 个具体知识内容；深度符合是指每个知识点提供不少于 12 个具体知识内容。具体知识内容要与知识点实质相关。

用于交换和共享的青少年编程能力等级测试及试题应符合《信息技术　学习、教育和培训　测试试题信息模型》（GB/T 29802—2013）的规定。

7.5　能力测试要求

与"Python 三级"相关的能力测试在标准符合性规定的基础上应明确考试形式和考试环境，考试要求如表 A-8 所示。

表　A-8

内　　容	描　　述
考试形式	理论考试与编程相结合
考试环境	支持 Python 程序运行环境，支持文件读写，不限于单机版或 Web 网络版
考试内容	满足标准符合性规定（7.4 节）

8　"Python 四级"的详细说明

8.1　目标能力及适用性要求

"Python 四级"以基本算法思维为能力目标，具体包括如下四个方面。

（1）算法阅读能力：能够阅读带有算法的 Python 程序，了解程序运行过程，预测运行结果。

（2）算法描述能力：能够采用 Python 语言描述算法。

（3）算法应用能力：能够根据掌握的算法采用 Python 程序解决简单的计算问题。

（4）算法评估能力：评估算法在计算时间和存储空间的效果。

"Python 四级"与青少年学业存在如下适用性要求。

（1）已具备能力要求：具备"Python 三级"所描述的适用性要求。

（2）数学能力要求：掌握简单统计、二元方程等基本数学概念。

（3）信息能力要求：掌握基本的进制、文件路径、操作系统使用等信息概念。

8.2　核心知识点说明

"Python 四级"包含 12 个核心知识点，如表 A-9 所示，知识点排序不分先后。其中，名称中标注"（基本）"的知识点表明该知识点相比专业说法仅做基础性要求。

"Python 四级"与 Python 一至三级之间存在整体的递进关系，但其中 1 ~ 5 知识点不要求"Python 三级"基础，可以在"Python 一级"之后与"Python 二级"或"Python 三级"并行学习。

表 A-9

编号	知识点名称	知识点说明	能 力 要 求
1	堆栈队列	堆栈队列等结构的基本使用	了解数据结构的概念，具备利用简单数据结构分析问题的基本能力
2	排序算法	不少于 3 种排序算法	掌握排序算法的实现方法，辨别算法计算和存储效果，具备应用排序算法解决问题的能力
3	查找算法	不少于 3 种查找算法	掌握查找算法的实现方法，辨别算法计算和存储效果，具备应用查找算法解决问题的能力
4	匹配算法	不少于 3 种匹配算法，至少含 1 种多字符串匹配算法	掌握匹配算法的实现方法，辨别算法计算和存储效果，具备应用匹配算法解决问题的能力
5	蒙特卡洛算法	蒙特卡洛算法及应用	理解蒙特卡洛算法的概念，具备利用基本蒙特卡洛算法分析和解决问题的能力
6	（基本）分形算法	基于分形几何，不少于 3 种算法	了解分形几何的概念，掌握分形几何的程序实现，具备利用分形算法分析问题的能力
7	（基本）聚类算法	不少于 3 种聚类算法	理解并掌握聚类算法的实现，具备利用聚类算法分析和解决简单应用问题的能力
8	（基本）预测算法	不少于 3 种以线性回归为基础的预测算法	理解并掌握预测算法的实现，具备利用基本预测算法分析和解决简单应用问题的能力
9	（基本）调度算法	不少于 3 种调度算法	理解并掌握调度算法的实现，具备利用基本调度算法分析和解决简单应用问题的能力
10	（基本）分类算法	不少于 3 种简单的分类算法	理解并掌握简单分类算法的实现，具备利用基本分类算法分析和解决简单应用问题的能力
11	（基本）路径算法	不少于 3 种路径规划算法	理解并掌握路径规划算法的实现，具备利用基本路径算法分析和解决简单应用问题的能力
12	算法分析	计算复杂性，以时间、空间为特点的基本算法分析	掌握计算复杂性的方法，具备算法复杂性分析能力

8.3 核心知识点能力要求

"Python 四级" 12 个核心知识点对应的能力要求如表 A-9 所示。

8.4 标准符合性规定

"Python 四级"的符合性评测需要包含对"Python 四级"各知识点的评测，知识点宏观覆盖度要达到100%。根据标准符合性评测的具体情况,给出基本符合、符合、深度符合三种认定结论。基本符合是指每个知识点提供不少于 5 个具体知识内容；符合是指每个知识点提供不少于 8 个具体知识内容；深度符合是指每个知识点提供不少于 12 个具体知识内容。具体知识内容要与知识点实质相关。

用于交换和共享的青少年编程能力等级测试及试题应符合《信息技术　学习、教育和培训　测试试题信息模型》（GB/T 29802—2013）的规定。

8.5　能力测试要求

与"Python 四级"相关的能力测试在标准符合性规定的基础上应明确考试形式和考试环境，考试要求如表 A-10 所示。

表　A-10

内　　容	描　　述
考试形式	理论考试与编程相结合
考试环境	支持 Python 程序运行的环境，支持文件读写，不限于单机版或 Web 网络版；能够统计程序编写时间、提交次数、运行时间及内存占用
考试内容	满足标准符合性规定（8.4 节）

资料性附录：标准范围的 Python 标准函数列表

标准范围的 Python 标准函数列表如表 A-11。

表　A-11

函　　数	描　　述	级　　别
input([x])	从控制台获得用户输入，并返回一个字符串	Python 一级
print(x)	将 x 字符串在控制台打印输出	Python 一级
pow(x,y)	x 的 y 次幂，与 x**y 相同	Python 一级
round(x[,n])	对 x 四舍五入，保留 n 位小数	Python 一级
max($x_1,x_2,\cdots,x_n$)	返回 x_1，x_2，…，x_n 的最大值，n 没有限定	Python 一级
min($x_1,x_2,\cdots,x_n$)	返回 x_1，x_2，…，x_n 的最小值，n 没有限定	Python 一级
sum($x_1,x_2,\cdots,x_n$)	返回参数 x_1，x_2，…，x_n 的算术和	Python 一级
len()	返回对象（字符、列表、元组等）长度或项目个数	Python 一级
range(x)	返回的是一个可迭代对象（类型是对象）	Python 一级
eval(x)	执行一个字符串表达式 x，并返回表达式的值	Python 一级
int(x)	将 x 转换为整数，x 可以是浮点数或字符串	Python 一级
float(x)	将 x 转换为浮点数，x 可以是整数或字符串	Python 一级

续表

函　　数	描　　述	级　　别
str(x)	将 x 转换为字符串	Python 一级
list(x)	将 x 转换为列表	Python 一级
open(x)	打开一个文件，并返回文件对象	Python 二级
abs(x)	返回 x 的绝对值	Python 二级
type(x)	返回参数 x 的数据类型	Python 二级
ord(x)	返回字符对应的 Unicode 值	Python 二级
chr(x)	返回 Unicode 值对应的字符	Python 二级
sorted(x)	排序操作	Python 二级（查询）
tuple(x)	将 x 转换为元组	Python 二级（查询）
set(x)	将 x 转换为集合	Python 二级（查询）

附录B
真题演练及参考答案

1. 扫描二维码下载文件：真题演练

2. 扫描二维码下载文件：参考答案